青岛市科技发展战略研究报告2019

谭思明　主编

青岛市科学技术信息研究院　编著

中国海洋大学出版社

·青岛·

图书在版编目（CIP）数据

青岛市科技发展战略研究报告．2019 / 谭思明主编

．— 青岛：中国海洋大学出版社，2021.4

ISBN 978-7-5670-2794-7

Ⅰ．①青…　Ⅱ．①谭…　Ⅲ．①科技发展－发展战略－研究报告－青岛－ 2019　Ⅳ．① G322．752．3

中国版本图书馆 CIP 数据核字（2021）第 060575 号

青岛市科技发展战略研究报告 2019

Qingdao Shi Keji Fazhan Zhanlüe Yanjiu Baogao 2019

出版发行	中国海洋大学出版社
社　　址	青岛市香港东路 23 号
邮政编码	266071
出 版 人	杨立敏
网　　址	http://pub.ouc.edu.cn
电子信箱	j.jiajun@outlook.com
订购电话	0532－82032573（传真）
责任编辑	姜佳君
电　　话	0532－85901040
印　　制	青岛国彩印刷股份有限公司
版　　次	2021 年 4 月第 1 版
印　　次	2021 年 4 月第 1 次印刷
成品尺寸	210 mm × 285 mm
印　　张	11.25
字　　数	324 千
印　　数	1～1000
定　　价	66.00 元

前　言

　　根据山东省新旧动能转换重大工程实施规划和青岛市科技引领城建设等"15个攻势"要求,为了更好地对青岛市科技、经济和社会发展提供咨询服务,青岛市科学技术信息研究院(青岛市科技发展战略研究院)围绕科技体制改革、创新创业与服务、高新技术产业和战略性新兴产业、民生科技等方面开展了战略研究,分析了青岛市科技创新发展、科技体制机制改革、科技成果转化、科技创新体系建设、深化开放合作现状和存在的问题,提出了对策措施及建议,为青岛市科技创新工作提供有力支撑。

　　本书是该院科研人员2019年的研究成果,内容翔实,论据充分,分析透彻,建议可行。部分报告得到了青岛市有关领导的肯定,有些建议被有关政府部门采纳并进入决策程序,充分发挥了战略咨询研究机构为领导科学决策提供智力支撑的作用。

　　本书可为各级领导和政府部门提供决策参考,也可为企业和研发机构了解产业技术发展现状、加强国内外合作、提高创新能力提供参考。本书的编写过程得到了有关领导、专家学者的热情帮助和支持,在此表示衷心的感谢!

　　因编者水平有限,书中难免有不妥之处,欢迎读者批评指正。

编　者

2020 年 2 月

目 录

U0190273

民生科技

甲子荣耀　资政谋远

——庆祝青岛市科学技术信息研究院建院 60 周年暨青岛市科学技术发展战略研究院成立 10 周年

风雨砥砺，岁月如歌。2020 年，是我国全面建成小康社会和"十三五"规划收官之年，在这样特殊的日子里，我们迎来了青岛市科学技术信息研究院建院 60 周年暨青岛市科学技术发展战略研究院成立 10 周年。

科技情报工作是科学技术工作的重要组成部分。它涉及科学技术的各个领域和国民经济的各个方面，是一项科学性、政策性、实践性、社会性都很强的科学技术工作，是一项充分利用知识资源，为社会经济发展服务的智力活动。1956 年，在周恩来总理等老一辈无产阶级革命家的关怀下，中国科学院成立了科学情报研究所，标志着我国科技情报事业正式创立。为了贯彻实施国家科技情报工作方针、任务，为生产和科技提供服务，1960 年，青岛市人民委员会批准成立青岛市科学技术情报研究所；1963 年 1 月，青岛市科学技术情报研究所撤销，改为市科委下设的科技情报室。"文化大革命"中，市科委科技情报室被解散；1970 年，青岛市革命委员会生产指挥部科技组恢复了科技情报室；1975 年，改为市科技情报资料室。1978 年，中共青岛市委决定以市科技情报资料室为基础，恢复成立青岛市科学技术情报研究所。1993 年 4 月，青岛市科学技术情报研究所更名为青岛市科学技术信息研究所。2009 年 12 月，经青岛市机构编制委员会办公室批准，加挂青岛市科学技术发展战略研究所牌子，增加开展科学技术发展战略研究的职能。为深入实施创新驱动发展战略，加快推动我市的科技智库建设，2016 年 7 月 6 日，根据青岛市机构编制委员会办公室《关于调整市科技局所属事业单位机构编制的批复》（青编办字〔2016〕33 号）文件精神，青岛市科学技术信息研究所（青岛市科学技术发展战略研究所）更名为青岛市科学技术信息研究院（青岛市科学技术发展战略研究院）（以下简称我院）。目前我院是青岛地区唯一的公益型综合性科技信息和科技发展战略研究咨询服务机构。

峥嵘岁月共见证，六十华诞奏乐章。历史的足迹记录了青岛科技信息事业的发展历程，我院用 60 年的风雨兼程，60 年的不懈追求，书写了一部满载光荣与梦想的辉煌历史！

这是筚路蓝缕、斩棘前行的 60 年。60 年来，青岛科技信息情报事业从小到大、从弱到强，由成立之初的仅从事传统的信息、文献服务研究工作逐渐扩展为开展对科技信息情报的收集、加工、分析、研究与传播工作，为市委、市政府、高校院所和企事业单位提供了大量有效的科技信息和决策信息咨询服务。为了适应科技、经济社会发展的需要，自 2010 年起，我们的工作职能进行了调整，由原来主要从事科技信息收集、加工、整理和宣传等工作职能，调整为开展科技发展政策理论研究、重大战略前瞻性与综合性研究、中长期科技发展需求研究、技术预测研究，高新技术产业关键技术选择、重点领域和主导产业技术发展趋势研究，国内外科技发展动态、重大科技问题决策咨询，等等。为了更好地履行市委、市政府赋予我们的工作职能,我院提出了"四个转变",即由传统的信息、文献服务向更加注重为各级领导和部门提供科学决策咨询服务转变,由主要注重开展战术层面的研究向更加注重围绕市委市政府中心工作及全市科技、经济社会发展等重大问题开展战略层面的研究转变,由注重科技领域的研究向更加注重科技、产业、经济等创新领域的研究转变,由相对封闭的研究系统向更加注重建立一个开放式、平台式的研究系统转变。随着职能的调整,内设机构也及时进行了调整,我院组建了科技政策与规划战略研究中心、科技预测与评价研究中心、科技信息资源研究中心、科技产业发展研究中心、知识产权研究中心、软科学评价研究中心等 6 个科研部门和科研管理办公室、综合办公室、条件财务部等 3 个管理部门。推出了由使命、愿景、核心价值观、发展理念、服务品牌和形象标示 6 部分内容组成的新的文化核心价值体系。确定的工作使命为"开展科技信息与发展战略研究,为政府高层、科技事业和创新主体提供及时、有效的科技决策信息支持服务",愿景为"成为能够有效支撑区域科技宏观管理与决策的智囊团与知识库",发展理念为"人才兴院、资源立院、技术强院",明确把"知讯致智,资政谋远"定为服务品牌。

这是汇聚英才、矢志科研的 60 年。创新驱动实质是人才驱动,人才是创新的第一资源。我院始终秉承人才兴院的理念,筑巢引凤,广纳贤才,吸引和培养了一大批优秀科技发展战略和科技信息研究人才。经过多年发展,我们已经逐步形成各有侧重、特色鲜明的战略研究系统布局,拥有科技战略、规划、政策、技术预测、知识产权和文献计量等分工不同、各有所长的战略研究队伍。全院现有员工 57 人,包括各类专业技术人员 42 人(占全院总员工数的 74%),管理人员 12 人。其中,正高级专业技术人员 5 人,副高级专业技术人员 15 人,高级专业技术人员占研究人员的 47.6%;具有博士学位 5 人,具有硕士学位的 12 人;市政府特殊津贴专家 2 人,国家专利信息领军人才 1 人,国家专利信息实务人才 1 人。

这是聚集资源、夯实基础的 60 年。经过几十年的发展,我院科技信息资源建设不断完善,支持战略研究和咨询的分析工具和平台也初具规模,现已拥有中外文期刊收录的期刊数量为 14 079 种,中外文数据量 6 199 多万条,科技报告资源 400 多万条,全球产品样本数据库 425 多万条,专利家族数据量 8 000 多万条。近年来,面向区域科技创新发展等重大需求,我们启动建设了科技政策模拟仿真与支撑实验室,构建区域"数据—模型—分析—建议"一体化的模拟仿真平台,开展科技政策与规划制定的分析与仿真模拟,实现了数据智能挖掘分析和动态可视化呈现,为政府部门宏观决策提出合理化建议。整合全球科技智库资源,推进建设集科技发展战略研究、政策研究、决策咨询、专家智慧、方法工具、创新信息于一体的青岛市科技智库研究公共服务平台和新技术跟踪监测系统,发挥我院在重大选题、组织策划、咨询形式、专家队伍建设等方面的核心引领作用,在决策咨询理论、方法、数据和平台建设中的关键支撑作用,凝聚一批专业功底扎实、学术水平精湛、具有战略思维的国内外高端科技决策咨询专家,借用"外脑",广聚智慧,广开言路,进行重大科技问题协同研究,加强预判评估,分享研究成果,开展互动交流,在全市范围内实现跨学科、跨机构、跨系统的智库要素知识整合与协同,实现智库服务的快速响应。

这是敢为人先、勇于探索的 60 年。作为青岛科技战略和科技信息研究排头兵,我院始终坚持聚焦中心工作、服务科技战略决策的要求,按照服务决策、适度超前原则,紧紧围绕市委、市政府决策急需的重大课题,调整优化学科布局,加强资源统筹整合,着力提高综合研判和战略谋划能力,形成了自己的核心竞争力,重大课题选题机制不断完善。作为青岛市从事科技发展战略、规划、政策和评估评价的主要支撑机构,我院参与了市委、市政府的多项重大决策。一是在科技创新政策研究方面,全面参与青岛第一个科技进步条例——《青岛市科技创新促进条例》编制研究,参与《关于深入推进科技创新发展的意见》《关于大力实施创新驱动发展战略的意见》《加快青岛市科技服务业发展实施意见》《加快众创空间建设支持创客发展若干政策措施》《鼓励高校院所转化科技成果若干政策》等意见和政策研究制定。二是在科技规划研究方面,主持参与青岛市"八五"至"十三五"科技发展规划和中长期科技发展规划编制,目前正在组织承担青岛市"十四五"科技创新发展规划编制工作。参与《青岛市科技引领城建设攻势作战方案

（2019—2022）》《青岛市新旧动能转换重大工程科技创新行动计划》《青岛市国家科技成果转移转化示范区建设实施方案》《青岛海洋国家科学中心建设方案》《青岛市十大科技创新中心建设总体方案》《青岛市关于加快山东半岛国家自主创新示范区（青岛高新区）建设发展的实施方案》等几十项科技创新专项规划、建设方案等研究。三是在科技评估评价研究工作方面，完成市"十三五"科技创新规划评估、《青岛科技创新指数报告》《青岛市技术交易统计分析报告》《山东专利创新企业百强报告》《青岛专利创新能力50强评价报告》《青岛战略新兴产业专利创新报告》《青岛海洋高技术专利创新报告》《青岛高新技术企业发展报告》《青岛市基础前沿研究发展报告》《青岛市科技创新人才指数报告》等特色评价研究报告。自2013年以来，我院先后承担国家级研究项目4项。"蓝色硅谷建设全球海洋创新高地战略研究""青岛蓝色硅谷核心区海洋科技创新试点政策研究"等2项国家级软科学课题已高质量完成并顺利结题。在研国家级项目2项，其中，承担2018年国家重点研发计划项目子课题"2030世界深海科技创新能力格局"已形成了初步研究成果并被纳入国家海洋领域中长期战略研究报告，承担的海洋试点国家实验室蓝色智库重点项目"海洋科学全球创新格局和创新资源分布研究"已完成课题研究报告。近年来，我院还承担并完成了"区域产业技术创新生态系统评价与优化研究——以青岛等15个副省级城市为例"等百余项省级、市级以及各级有关部门委托的战略研究、重大决策研究、第三方评估与决策咨询任务。目前，我院已成为在市委、市政府重大决策中参与度高、具有良好声誉和广泛社会影响力的新型科技智库。

这是春华秋实、硕果累累的60年。近年来，我院始终按照"把自己的谋划变为组织的规划，使自己的观点进入上级的文件，使自己的研究影响领导的思想，使自己的成果促进社会的发展"的要求，开展科技创新发展战略资政研究，取得了一批重要成果。我院成为山东省科协国家级科技思想库研究基地，入选青岛市首批新型智库建设试点单位，2018年顺利通过市人社局组织的科技智库专家工作站验收并被评为优秀专家工作站。优秀科技成果不断涌现，研究成果以《科技信息参考》《科技工作者建议》等内刊形式呈报市委、市政府领导和部门参阅，有些研究报告获得省、市领导批示，被政府部门采纳进入决策程序。《科技日报》《中国海洋报》《大众日报》《青岛日报》和青岛电视台等媒体先后对我院完成的研究成果进行了宣传报道。自1960年至今，我院获省级科技进步奖5项、市级科技进步奖7项、市级社会科学奖4项、省级以上科技情报奖130多项、省优秀软科学研究成果奖20多项，出版《青岛市科技发展战略研究报告》《海洋高端产业全球创新资源分布路线图》《世界海洋能专利技术分析报告》《青岛市"十三五"科技发展战略研究》《青岛市"十三五"重点产业创新路线图》《蓝色硅谷建设全球海洋创新高地战略研究》等专著10余部，研究报告获得市委、市政府主要领导批示30多次。

这是兼容并蓄、携手共进的60年。在加强"内功"修炼的同时，我们始终坚持"引进来"和"走出去"相结合，进一步实现学科联合、资源共享与智力凝聚，不断创新研究模式，构建"小核心、大网络"科研组织体系，加强与高校、科研院所合作，并建立了专家数据库，通过借用"外脑"快速提高了研究能力和水平。先后与中国科技发展战略研究院共建海洋科技创新发展战略合作研究基地，与中国科技信息研究所和山东省科技情报研究院签订了战略情报研究、加入中国科技情报网三级联动战略合作协议，成为国家科技图书文献中心青岛服务站，与海尔金控万链指数共建万链指数联合实验室，与德国弗劳恩霍夫协会系统和创新研究所、哈尔滨工业大学管理学院、大连理工WISE实验室等国内外高校院所和企业签署战略合作协议。逐步探索出一条既适应新形势下的科学决策需要，又符合科技智库工作特点的开放协同创新路径。

这是生机勃勃、百花齐放的60年。我院持续深入贯彻落实党的十八大、十九大精神，坚持以习近平新时代中国特色社会主义思想为统领，牢固树立"四个意识"，坚定"四个自信"，做到"两个维护"，全面落实从严治党，按照省委、市委的工作部署，不断加强政治建设、思想建设、组织建设、作风建设和纪律建设，深入推进"两学一做"学习教育常态化制度化，扎实开展"三严三实""不忘初心、牢记使命"等主题教育，强化监督执纪问责，严格落实"三重一大"决策制度，把意识形态工作作为党政工作的重要内容，纳入党建工作责任制。重视基层党组织建设,重新划分调整了党支部设置,把原来的 3 个党支部调整为 10 个,做到把支部建在部室,把政治思想工作做到一线。强化"一岗双责",共筑"思想防线",着力推动全面从严治党向纵深发展,切实做到用党建促业务工作、研究成果质量的提升。注重发挥工青妇、各民主党派的作用,经常组织开展"每月一讲"、志愿者活动、爱心募捐、登山节、趣味运动会等活动,丰富全体员工的工作学习生活,不断提升精神文明建设水平,共建"幸福家园"。全面深化事业单位改革,修改完善绩效考核办法、专业技术职务评聘等各项管理制度,加快促进内部管理体系科学化和管理水平精细化,积极争取上级财政资金和纵向课题经费支持,加大基础设施投入,推动网络软硬件改造升级,使我院的办公条件得到进一步改善和提高。先后获得山东省科技管理系统先进集体、全市科技统计工作先进单位、青岛市精神文明建设标兵单位等荣誉称号。

六十载栉风沐雨,一甲子春华秋实。我院 60 年的发展,凝聚着艰辛与奋进,见证着改革与变迁。60 年来取得的成就,是青岛市委、市政府、市科技局党组坚强领导的结果,是兄弟单位和社会各界朋友大力支持的结果,是几代信息院(所)人奋力拼搏、艰苦创业的结果。怀着对美好梦想的不懈追求,历代信息院(所)人自强不息、攻坚克难,形成了精诚团结、开拓创新、爱岗敬业、乐于奉献的优良传统,这将是我院最为宝贵、代代相传的精神财富。

不忘初心,方得始终!成绩代表过去,使命催人奋进。面向未来,我们更需发奋努力。我院将以习近平新时代中国特色社会主义思想为指导,不断加强政治建设,进一步解放思想,坚持人才强院战略,深化事业单位改革,强化科技发展战略和科技信息情报研究,加强与高校院所、企业和社会机构的合作交流,在未来的发展道路上,做到"更高、更好、更强"。

——更高。一是标准更高。要拓宽视野、提高境界,不断增强科技战略研究的前瞻性、综合性、实战性,为市委、市政府、创新主体提供高质量的咨询服务。要对标全国知名智库,向着建设高水平科技智库的目标努力奔跑。二是质量更高。要准确把握决策需求,主动跟踪动向,深入调研,既要重"术",更要重"谋",树立精品意识,形成标志性"拳头产品",积极打造"知讯致智,资政谋远"特色优势服务品牌。三是效率更高。强化效率意识,增强对现实和焦点问题的敏锐感知,不断提升研究报告的实效性,达到"先于决策,大于领导思维",做到"跟得上、拿得出、立得住"。

——更好。一是政治生态更好。坚持全面从严治党,强化政治监督,加强意识形态教育,抓好"三会一课"等制度落实,持续提高党建工作规范化水平。二是服务水平更好。要立足职能职责,在继续为科技创新中心工作服好务的基础上,积极开辟第二战场,面向我市新兴产业、头部企业、高新技术企业等,打造高成长性企业指数、海洋新兴产业景气指数等标志性"拳头产品",为科技引领城建设攻势提供更有力的智力支撑。三是环境更好。推进精神文明建设,发挥群团组织桥梁纽带作用,建设团结和谐的工作环境,把我院核心文化(价值)体系厚植得更好。

——更强。一是思想更强。切实增强"四个意识",坚定"四个自信",做到"两个维护",让理想信念的航船沿着正确航向坚定前行。二是能力更强。切实增强大局思维、分析洞察问题、政策法规运用、思想政治工作、运用科学方法解决问题、团结共事等 6 种本领,做到思想过硬、责任过硬、业务过硬,培养一支想做事、能做事、做成事的人才队伍,勇做本领高强的耳目、尖兵和参谋。三是作风更强。严实深细牢记心中,攻坚克难永攀高峰,做忠诚干净担当、敢于善于斗争的战士,做到守土有责、守土担责、守土尽责。四是纪律更强。更严一格、更紧一扣,严以律己、束身自修,做到打铁首先自身硬。要有底线思维,树立红线意识、规则意识,不断提升党风廉政建设和反腐败水平。

薪火相传六十载,同心奋进谱新章!站在新的历史起点,面对新的发展机遇,青岛市科技信息研究院(青岛市科技发展战略研究院)将进一步坚定理想信念,秉持"知讯致智,资政谋远"核心理念,继往开来,筑梦前行,努力把我院建设成为在国内具有较大影响力和知名度的综合性新型科技智库,为青岛市的科技、经济和社会发展提供强有力的智力支撑。

科技体制改革

提升科技创新水平、加快科技引领城建设的对策建议

一、青岛创新水平在国内城市中排第 16 位

综合 2018 年 4 家代表性机构发布的国内外城市创新评价报告（表 1），青岛市在国内主要城市创新能力平均排名中位列第 16 位。其中，北京立言创新科技咨询中心发布的《2018 中国创新城市评价报告》中，青岛在 20 个参评城市（4 个直辖市、15 个副省级城市和苏州）中排名第 15 位（附件 2），与上年持平。首都科技发展战略研究院发布的《中国城市科技创新发展报告 2018》中，青岛在 289 个城市（36 个省会城市、副省级城市和 253 个地级市）中排名第 16 位（附件 3），较上年上升 4 位。福建师范大学等单位首次发布的《中国城市创新竞争力发展报告（2018）》蓝皮书中，青岛在 274 个城市中排名第 14 位（附件 4）。澳大利亚咨询机构 2thinknow[①] 发布的《全球创新城市指数 2018》（*Innovation Cities Index 2018: Global*）中，青岛在 500 个全球城市中排名 337 位，较上年提高 10 位，在国内入选的 40 个城市中排在第 19 位（附件 5）。

表 1 2018 年青岛市及相关城市创新评价排名与城市综合排名

评价报告		青 岛	深 圳	苏 州	杭 州	南 京	济 南
《2018 中国创新城市评价报告》		15	2	6	8	4	14
《中国城市科技创新发展报告 2018》		16	2	7	9	5	27
《中国城市创新竞争力发展报告（2018）》		14	3	6	7	13	25
《全球创新城市指数 2018》		337 (19)[a]	55 (4)	220 (6)	299 (12)	241 (7)	386 (29)
国内城市 GDP 总量排名		12	3	7	10	11	21[b]
城市创新评价平均排名[c]		16	3	6	9	7	24
《对 19 个副省级及以上城市的城市能级测评》[d]	城市能级	12	3	—	6	8	17
	创新能级	16	2	—	5	7	17

注：a. 括号中为国内 40 个入围城市的相对排名。

b. 该位次为济南在 2017 年主要城市 GDP 总量的排名。

c. 前 4 个报告排名的算数平均值。

d. 2019 年 3 月人民论坛测评中心发布。

---

① 2thinknow 自 2007 年开始发布全球创新城市指数排行，排行榜根据 162 项指标评分，针对全球 500 个城市进行分类和排名，是世界上最大的全球城市排名。

2018 年,青岛生产总值达 12 001.5 亿元,在国内 16 个万亿 GDP 城市中排名第 12 位,而青岛在国内主要城市中创新能力平均排名第 16 位,落后城市经济综合实力排名 4 个位次,与 2019 年 3 月人民论坛测评中心发布的《对 19 个副省级及以上城市的城市能级测评》结果(附件 6)基本一致:青岛城市能级排名第 12 位,创新能级排名第 16 位。

苏州、南京、杭州等城市创新排名均高于经济实力排名,深圳两者排名一致。可见,当前青岛创新水平与经济综合实力需求还有一定差距,要真正发挥科技创新引领城市经济社会发展的作用,还需加快提升科技创新水平。

二、制约青岛科技创新发展的关键问题

(一)创新人才数量少、薪酬低

一是研发人员数量少。2017 年,全市研究与试验发展(R&D)人员 79 895 人,与深圳(281 369 人)、杭州(102 597 人)等城市有较大差距,也低于济南(84 762 人)。R&D 人员全时当量 49 956 人·年,万人 R&D 人员全时当量 53.77 人·年,同比分别减少 6.0%[①]、6.9%(附件 1)。万人 R&D 人员全时当量低于深圳(147.83)、苏州(111.31)、杭州(103.06)和济南(66.93)。二是人才资源储备不足。2018 年,全市普通高校 23 所,在校生 35.3 万人,远低于广州(82 所,106.73 万人)、武汉(84 所,94.8 万人)、南京(53 所,72.15 万人)、济南(42 所,54.44 万人)、杭州(40 所,49.6 万人)。三是人才收入水平不高。2017 年,全市科学研究和技术服务业从业人员平均工资为 7.9 万元,与深圳(15.9 万元)、苏州(13.9 万元)、南京(13.4 万元)、杭州(11.4 万元)等城市相比有较大差距,科学研究和技术服务业从业人员平均工资比较系数在 20 个国内相关城市中排第 11 位。

(二)经费投入占比低、增长慢

一是地方财政科技投入占比低。2017 年,青岛地方财政科技投入为 38.59 亿元,同比增长 59.9%,占地方财政支出的比重达 2.75%,为近 7 年来最高,但与深圳(351.83 亿元,7.66%)、苏州(124.02 亿元,6.98%)、杭州(92.32 亿元,5.99%)、南京(67.29 亿元,4.97%)的水平仍有相当差距。地方财政科技经费投入总额和占比在全国 20 个相关城市中均排名第 13 位,且低于全国 4.13% 的平均水平。二是研发投入强度增速远低于预期。《"十三五"青岛市科技创新规划》提出,到 2020 年,全社会 R&D 活动经费支出占 GDP 比重达到 3.2%。然而由于统计口径的变化,2016、2017 年全市研发投入强度分别为 2.81%、2.78%,低于 2015 年的 2.84%,增速远低于预期。2017 年研发投入强度在全国 20 个相关城市中排名第 10 位。

(三)高新技术企业总量少、创新能力弱

一是高新技术企业数量与其他城市仍有较大差距。2018 年,青岛高新技术企业数量达到 3 112 家,连续两年增速超过 50%,在国内 20 个相关城市中排名第 10 位,但与深圳(1.12 万家)、广州(8 600 家)、苏州(4 469 家)差距明显。二是高新技术企业发展质量不高。2018 年山东省高新技术企业创新能力百强名单中,济南有 19 家,而青岛仅 16 家。在 2017 年 2 039 家高新技术企业中,符合创新能力百强参评条件[②]的企业仅有 272 家,仅占全市高新技术企业总量的 13.3%。其中,海尔股份、软控股份等 1 226 家高新技术企业新产品销售收入为 0,占比超过高新技术企业总量的 60%;三是规模以上工业企业设研发机构比例偏低。2017 年,全市有研发机构的规模以上工业企业占规模以上工业企业比重为 12.5%,略高于

---

① 部分原因在于全社会 R&D 经费支出统计口径调整。

② 参评高企须同时满足以下 6 个条件:研发投入高于 3%、科技活动人员占比高于 10%、企业Ⅰ类知识产权总量大于等于 1 件、利税不为负、新产品销售收入和销售收入增长率大于 0。

全国平均值（12%），低于济南（17.8%），与广州（38.4%）、杭州（29.1%）、深圳（44.9%）、宁波（33.3%）、苏州（45%）等城市差距较大。

（四）高新产业规模小、增速低

一是新兴产业占比低。2018年，青岛战略性新兴产业增加值增长6.2%，占GDP比重为8.1%，同比下降1.9个百分点。"新经济"增加值3 065.8亿元，占GDP比重25.5%。而深圳2017年新兴产业增加值9 187.19亿元，占GDP比重达40.9%，其中仅新一代信息技术产业增加值就达4 594.34亿元，占GDP的20.5%。杭州2018年信息经济中的软件与信息服务、数字内容两个产业增加值达到4 606亿元，占GDP的34.1%。二是高技术产业增长缓慢。2018年，全市高技术产业实现增加值增长6.9%，低于GDP增速（7.4%）和第二产业增速（7.3%），与工业增加值增速相当。而其中高技术制造业增速仅有3.3%，远低于全国高技术制造业11.7%的增速。

三、加快科技引领城建设的对策建议

（一）优化创新环境，激发创新人才活力

一是加大人才引进力度。深入实施高层次人才团队、创业创新领军人才、外国专家专项等人才计划，积极引进战略科技人才、科技领军人才、青年人才和高水平科技创新团队。支持企业和高校院所建设院士工作站、博士后科研工作站、海外引智引才工作站等人才载体，重点引进带项目、带可转化成果的科技人才。支持企业市场化引进人才，根据用人单位所付人才薪酬按比例给予研发补助。二是创新人才激励政策。学习上海《关于进一步深化科技体制机制改革 增强科技创新中心策源能力的意见》（科改"25条"），改革优化人才培养使用和评价激励机制，充分调动广大科技人员的积极性，让真正具有创新精神和能力的人才名利双收，营造人才近悦远来、各尽其才的发展环境。三是完善人才服务软环境。完善人才住房、安居落户、医疗社保、家属安置等政策服务体系，扩大青岛市高层次人才服务绿色通道适用范围。扩大企业和高校院所等机构在项目申报、人才公寓申请、子女入学等方面的人才政策裁量权。

（二）保障创新投入，强化科技创新支撑

一是创新财政科技投入方式。在保障财政科技投入平稳增长的同时，探索创新科技投入方式，以创业投资引导基金、跟进投资、风险补偿、企业技术创新后补助等多种形式投入，加强财政科技投入与银行信贷、创业投资资金、企业研发资金及其他社会资金的结合，引导全社会增加科技投入，增强财政科技投入的引导作用和放大效应。二是引导企业加大技术创新投入。加大普惠性财税政策支持力度，全面落实高新技术企业税收优惠、企业研发费用加计扣除和固定资产加速折旧等政策，引导企业不断加大技术研发投入；优化企业申报高新技术企业和各级科技计划项目服务，让技术创新成为企业快速发展的驱动力。

（三）聚焦企业培育，提升企业创新能力

一是壮大科技型企业规模。实施科技型企业培育"百千万"工程，培育百家重点高企，扶持千家"千帆企业"，服务万家小微企业，加快"小升规""企成高"，扩大科技企业群体规模。大力培育"隐形冠军"企业，形成"战略专一化、研发精深化、产品特色化、业态新型化"的专精特新中小企业群体。二是提升企业技术创新能力。推进企业技术创新体系建设，提升企业研发能力和创新管理能力，支持企业建设重点实验室、工程技术研究中心、企业技术中心、技术创新中心等创新平台，提高企业设研发机构比例，培育国家技术创新示范企业。

（四）培育高新产业，引导产业集聚发展

一是强化新技术攻关。根据省"十强"产业领域和市"双百千"工程重点产业方向，建立高技术产业

前沿技术跟踪监测体系,支持关键技术攻关,提高产业创新能力。二是培育发展高技术产业。围绕生物医药、仪器仪表、信息服务等高技术产业领域和产业链关键环节,完善产业创新政策,引进高技术产业项目,培育重点企业,搭建高水平创新平台,加快产业核心技术和关键技术攻关,切实推动高技术产业快速发展壮大。三是引导产业集聚发展。优化园区功能、建设创新平台、完善产业链条,在自主创新示范区集聚发展战略性新兴产业,在蓝谷打造优势特色海洋产业集群,支持船舶与海工装备、航空航天装备、文化创意等产业向西海岸新区集聚,推动各功能区产业集聚发展。

参考文献

[1] 青岛市统计局. 青岛统计年鉴 2018 [M]. 北京:中国统计出版社,2018.

[2] 青岛市科学技术局,青岛市统计局,青岛生产力促进中心. 青岛市科技统计报告 2018 [R]. 青岛:青岛市科学技术局,2018.

[3] 青岛市科技局. 青岛市科学技术进步报告. 2011-2017 年.

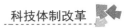

附件1 《青岛科技创新指数2018》评价指标体系与评价结果
（青岛市科学技术信息研究院）

	评价指标	2011	2012	2013	2014	2015	2016	2017
	青岛科技创新指数	100	106	121	144	175	209	233
1	创新投入指数	100	113	128	139	147	162	198
1.1	每万人R&D人员全时当量/（人·年）	44.51	46.24	50.23	51.04	54.58	57.75	53.77
1.2	全社会R&D经费支出占GDP比重/%	2.48	2.61	2.73	2.81	2.84	2.81	2.78
1.3	规模以上企业R&D经费投入占企业主营业务收入比重/%	0.92	1.06	1.06	1.12	1.23	1.56	2.12
1.4	地方财政科技投入占地方财政支出的比重/%	2.45	2.28	2.56	2.51	2.34	1.78	2.75
1.5	企业研发加计扣除额/亿元	12.57	13.87	19.38	21.9	24	36.22	59.19
1.6	高新技术企业税收减免额/亿元	10.13	13.74	16.1	20.53	22.95	26.2	24.58
1.7	国家级高层次科技人才数量/人	678	974	1 069	1 128	1 213	1 004	938
2	创新环境指数	100	102	126	172	234	274	325
2.1	人均GDP/万元	7.52	8.23	8.93	9.61	10.25	10.94	11.94
2.2	百万人口高等学校在校生数/万人	3.31	3.34	3.35	3.47	3.54	3.70	3.73
2.3	法院知识产权案件审结量/件	611	767	469	652	1 172	1 291	1 536
2.4	科技中介服务机构数量/家	171	219	440	757	1 202	1 528	1 700
2.5	科技金融支持总额/亿元	1.00	1.10	7.53	20.00	32.37	19.00	26.98
2.6	科技创新平台数量/家	218	274	311	357	404	411	441
2.7	高新技术企业数量/家	405	538	638	746	964	1 348	2 039
3	创新产出指数	100	110	128	153	189	266	282
3.1	每万人发明专利拥有量/件	4.65	5.19	6.98	9.4	14.46	20.21	23.97
3.2	每万人科技论文数/篇	16.26	22.13	22.96	27.13	24.86	20.56	23.42
3.3	每万人技术合同交易额/亿元	0.024	0.029	0.040	0.067	0.098	0.113	0.136
3.4	百万人PCT国际专利申请量/件	17.05	18.72	24.99	24.87	37.27	98.44	81.91
3.5	每百家规上企业形成国际或行业标准/件	21.62	14.93	13.14	9.19	9.02	8.82	11.66
3.6	战略性新兴产业专利授权量占授权总量的比重/%	35.77	40.46	47.56	49.97	37.85	39.66	31.76
3.7	国家省级科技成果奖励占比	12.60	13.57	12.14	11.35	9.89	12.03	14.25
4	创新绩效指数	100	98	102	112	123	124	132
4.1	科技进步贡献率（%）	60.2	62.7	57.8	60.6	61.3	62.5	63.0
4.2	全员劳动生产率/（万元/人）	12.00	13.04	14.01	14.76	15.62	16.65	18.28
4.3	新产品销售收入占主营业务收入的比重/%	29.30	27.00	27.20	28.00	28.3	16.8	24
4.4	高新技术产品出口额占外贸出口额的比重/%	7.07	6.46	6.38	8.31	9.65	9.44	10.00
4.5	高技术产业产值占规上工业企业总产值比重/%	5.63	5.17	6.00	6.08	7.98	7.97	9.59
4.6	战略性新兴产业产值占规上工业企业总产值比重/%	16.51	15.11	15.60	18.01	20.05	22.89	31.41
4.7	科技服务业增加值占服务业比重/%	4.93	4.79	4.78	4.74	4.90	5.15	5.08
4.8	万元GDP能耗（标准煤）/吨	0.25	0.23	0.20	0.17	0.16	0.15	0.14

附件 2 《2018 中国创新城市评价报告》指标体系及城市比较
（北京立言创新科技咨询中心）

评价指标	评价标准	青 岛	深 圳	苏 州	杭 州	济 南
创新条件		55.66	61.52	56.55	67.78	60.6
人力资源		48.65	76.85	65.5	74.32	72.04
万人 R&D 人员数 /（人·年）	100	57.75	147.83	111.31	103.06	66.93
大专以上学历人口所占比重 / %	40	16.49	33.74	15.18	20	24.77
百万人大专院校在校学生数 / 万人	10	3.7	0.77	2.06	4.66	10.04
研究体系		34.44	7.95	11.33	53.55	47.21
百万人中央属科研机构数 / 个	3	0.65	0.17	0.19	0.98	0.14
百万人地方属科研机构数 / 个	5	2.28	0.34	1.13	3.37	12.17
百万人国家重点实验室和工程技术中心数 / 个	4	1.3	0.42	0.19	2.18	1.11
创新环境		78.84	82.25	78.63	70.49	57.08
万人国际互联网络用户数 / 户	6 000	7 545	5 308	4 431	4 828	3 621
百万人国家备案众创空间数 / 个	5	7.17	5.79	3.01	3.92	3.87
百万人国家级科技企业孵化器数 / 个	5	1.85	1.43	3.66	3.27	1.11
科学研究和技术服务业平均工资比较系数 / %	200	143.01	233.27	198.68	117.43	127.1
创新投资		52.79	84.02	67.78	69.67	50.25
资金支持		44.85	92.57	74.4	73.69	38.38
R&D 经费支出占 GDP 比重 / %	5	2.86	4.32	2.75	3.06	2.4
地方财政科技支出占地方财政支出比重 / %	6	1.78	9.58	5.89	5.33	1.6
企业投资		60.74	75.48	61.15	65.65	62.12
企业 R&D 经费支出占 GDP 比重 / %	3	2.35	3.9	2.34	1.9	1.57
企业技术获取和技术改造经费支出占主营业务收入比重 / %	1	0.18	0.11	0.25	0.41	0.61
企业 R&D 人员占企业就业人员比重 / %	8	4.02	5.02	3.88	6.56	6.47
创新活动		40.25	86.5	45.48	42.62	35.16
企业创新		41.94	86.15	71.31	57.65	59.63
有 R&D 活动的企业所占比重 / %	50	28.6	31.95	45.4	30.84	36.28
新产品销售收入占主营业务收入比重 / %	40	17.62	38.07	33.8	32.79	23.58
工业企业万名就业人员发明专利拥有量 / 件	300	81.78	553.93	138.02	116.75	146.26
创新合作		46.26	79.56	27.57	26.94	25.21
企业 R&D 经费外部支出占企业全部 R&D 经费支出比重 / %	10	7.49	8.69	3.23	3.66	3.75
万人输出和吸纳技术成交额 / 亿元	1	0.23	0.74	0.24	0.19	0.15
知识资产		29.14	96.77	29.23	40.54	9.92
每十亿元 GDP 的 PCT 专利申请数 / 件	2	0.9	10.08	0.7	0.48	0.13
每十亿元 GDP 的注册商标数 / 件	400	112.49	270.89	115.54	262.87	139.13
每十亿元 GDP 的美国专利拥有量 / 件	1.5	0.25	5.08	0.37	0.73	0.12
创新影响		41.94	77.06	72.72	65.04	44.92

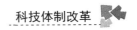

续表

评价指标	评价标准	青　岛	深　圳	苏　州	杭　州	济　南
影响就业		21.25	70.53	54.75	56.82	37.33
知识密集型服务业就业人员占全社会就业人员比重／%	10	2.16	5.09	2.46	7.07	5.21
高技术产业就业人员占全社会就业人员比重／%	8	1.66	16.79	15.93	2.88	1.21
影响产出		21.98	86.63	71.81	69.66	32.59
高技术产品出口额占商品出口额比重／%	50	8.25	49.56	50.7	12.05	10.09
万元 GDP 技术国际收入／美元	10	2.2	31.42	9.55	14.3	2.85
信息传输、软件和信息技术服务业增加值占 GDP 比重／%	8	2.12	7.08	2.53	15.31	3.18
亿元 GDP 国家级高新区总收入／万元	10 000	2 529	3 185	3 507	4 957	5 354
发展质量		62.11	72.31	78.74	64.28	55.84
劳动生产率／（万元／人）	20	16.4	17.86	22.58	14.87	13.98
资本生产率	1	0.32	0.43	0.53	0.42	0.41
综合能耗（标准煤）产出率／（元／千克）	42	18.88	26.36	21.77	27.03	15.06

续表

附件3 《中国城市科技创新发展报告2018》指数指标体系
（首都科技发展战略研究院）

一级指标	权重/%	二级指标	权重/%	序 号	三级指标	正 逆	权重/%
创新资源	14.3	创新人才	8.6	1	每万人在校大学生数	正	2.86
				2	城市化水平	正	2.86
				3	万名从业人口中科学技术人数	正	2.86
		研发费用	5.7	4	地方财政科技投入占地方财政支出比重	正	2.86
				5	地方财政教育投入占地方财政支出比重	正	2.86
创新环境	20.0	政策环境	5.7	6	每万人吸引外商投资额	正	2.86
				7	企业税收负担	逆	2.86
		人文环境	5.7	8	每百人公共图书馆藏书拥有量	正	2.86
				9	每百名学生拥有专任教师人数	正	2.86
		生活环境	8.6	10	每千人拥有医院床位数	正	2.86
				11	城市人均公园绿地面积	正	2.86
				12	每万人拥有公共汽车数	正	2.86
创新服务	14.3	科技条件	5.7	13	每万人移动电话用户数	正	2.86
				14	每万人互联网宽带接入用户数	正	2.86
		金融服务	8.6	15	第三板上市企业数	正	2.86
				16	年末金融机构贷款余额增长率	正	2.86
				17	创业板上市企业数	正	2.86
创新绩效	51.4	科技成果	5.7	18	每万人 SCI/SSCI/A&HCI 论文数	正	2.86
				19	每万人发明专利授权量	正	2.86
		经济产出	11.4	20	城镇居民人均可支配收入	正	2.86
				21	地均 GDP	正	2.86
				22	第二产业劳动生产率	正	2.86
				23	第三产业劳动生产率	正	2.86
		结构优化	5.7	24	第三产业增加值占地区 GDP 比重	正	2.86
				25	高科技产品进出口总额占地区 GDP 比重	正	2.86
		绿色发展	14.3	26	万元地区生产总值水耗	逆	2.86
				27	万元地区生产总值能耗	逆	2.86
				28	城市污水处理率	正	2.86
				29	生活垃圾无害化处理率	正	2.86
				30	城市空气质量等级	正	2.86
		辐射引领	14.3	31	全市在校普通高校学生数占全省比重	正	2.86
				32	全市科学技术从业人员数占全省比重	正	2.86
				33	国家技术转移示范机构数	正	2.86
				34	ESI 学科进入全球前 1% 个数	正	2.86
				35	财富世界 500 强与中国 500 强企业数	正	2.86

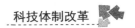

附件4 《中国城市创新竞争力发展报告（2018）》相关城市排名
（福建师范大学等）

指标		青 岛	深 圳	苏 州	杭 州	济 南
创新竞争力	排 名	14	3	6	7	25
	得 分	33.6	57.6	44.4	42.2	29.4
创新基础竞争力	排 名	13	3	6	7	23
	得 分	34.0	66.1	46.6	43.1	23.2
创新环境竞争力	排 名	26	8	6	3	9
	得 分	34.3	44.6	45.4	52.4	43.2
创新投入竞争力	排 名	19	2	11	7	28
	得 分	34.3	61.5	38.7	48.2	29.9
创新产出竞争力	排 名	49	1	3	88	191
	得 分	36.7	73.8	57.4	33.7	26.6
创新可持续发展竞争力	排 名	16	3	9	10	33
	得 分	28.7	42.1	33.8	33.5	24.0

注：城市创新基础竞争力主要由 GDP、人均 GDP、财政收入、人均财政收入、外商直接投资、金融存款余额等 6 个指标构成。城市创新环境竞争力主要由千人因特网用户数、千人手机用户数、国家高新技术园区数、国家高新技术企业数、高等院校数、电子政务发展指数等 6 个指标构成。城市创新投入竞争力主要由 R&D 经费支出总额、R&D 经费支出占 GDP 比重、人均 R&D 经费支出、R&D 人员、研发人员占从业人员比重、财政科技支出占一般预算支出比重等 6 个指标构成。而城市创新产出竞争力主要由专利授权数、高新技术产业产值、高技术产品出口总额、高技术产品出口比重、全社会劳动生产率、注册商标数、单位工业产值污染排放量等 7 个指标构成。城市创新可持续发展竞争力主要由公共教育支出总额、公共教育支出占 GDP 比重、人均公共教育支出额、科技人员增长率、科技经费增长率、城镇居民人均可支配收入等 6 个指标构成。

附件5 《全球创新城市指数2018》（*Innovation Cities Index 2018：Global*）国内城市排名
（澳大利亚咨询机构 2thinknow）

序 号	城市名称	城市排名	名次变化	城市层级	序 号	城市名称	城市排名	名次变化	城市层级
1	香 港	27	8	核 心	21	无 锡	347	4	节 点
2	上 海	35	−3	核 心	22	珠 海	348	24	节 点
3	北 京	37	−7	核 心	23	温 州	351	59	节 点
4	深 圳	55	14	枢 纽	24	泉 州	365	22	节 点
5	广 州	113	−16	枢 纽	25	南 宁	372	24	节 点
6	苏 州	220	42	节 点	26	沈 阳	373	−3	节 点
7	南 京	241	−18	节 点	27	昆 明	374	40	节 点
8	天 津	256	−7	节 点	28	扬 州	384	34	节 点
9	成 都	259	4	节 点	29	济 南	386	31	节 点
10	重 庆	281	5	节 点	30	长 春	388	−24	节 点
11	厦 门	285	19	节 点	31	南 昌	390	35	节 点
12	杭 州	299	4	节 点	32	南 通	391	31	节 点
13	武 汉	302	8	节 点	33	太 原	392	28	节 点
14	宁 波	304	18	节 点	34	佛 山	394	5	节 点
15	澳 门	308	51	节 点	35	郑 州	395	−11	节 点
16	东 莞	310	−14	节 点	36	哈尔滨	396	−35	节 点
17	大 连	315	−16	节 点	37	合 肥	411	18	节 点
18	西 安	334	−2	节 点	38	中 山	412	21	节 点
19	青 岛	337	10	节 点	39	烟台-威海	417	−1	节 点
20	福 州	344	45	节 点	40	汕 头	449	−4	起 步

注：2thinknow 将城市分为5个层级，即核心（NEXUS，多个经济创新领域和社会创新领域的重要核心）、枢纽（HUB，对于关键的经济创新领域和社会创新领域有支配性影响）、节点（NODE，在许多创新领域有不错的表现，但表现不平衡）、INFLUENCER（在一些创新领域有竞争力）、起步（UPSTART，在某些创新领域朝向未来的较好表现迈出了头几步）。

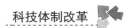

附件6 《对19个副省级及以上城市的城市能级测评》
（人民论坛测评中心）

序　号	综合排名	经济能级	创新能级	开放能级	支撑能级
1	北　京	2	1	2	1
2	上　海	1	4	1	2
3	深　圳	3	2	4	6
4	广　州	4	3	3	4
5	重　庆	5	11	5	3
6	杭　州	6	5	9	5
7	武　汉	8	6	8	10
8	南　京	7	7	13	9
9	成　都	9	8	10	7
10	天　津	12	10	7	13
11	厦　门	13	14	6	14
12	青　岛	11	16	16	11
13	宁　波	10	12	12	18
14	大　连	16	13	14	8
15	西　安	15	9	11	16
16	长　春	17	15	15	12
17	济　南	14	17	19	17
18	沈　阳	19	18	18	15
19	哈尔滨	18	19	17	19

编　写：王志玲
审　稿：谭思明　蓝　洁

揭榜制科技项目管理模式启示

科技项目揭榜制是一种以项目管理创新推动产学研合作的新模式,旨在利用本地和国内其他地区的科技资源攻克制约本地产业发展的"卡脖子"技术难题,加快推动重大科技成果转化,重在探索科技成果转化新机制,通过科技供给端和需求端同时发力,消除信息不对称和科技成果转化效率低等短板。张榜方提出的技术要求,是来自一线的最直接需求。在资源有限的情况下,揭榜制方式有利于用精准的科研投入解决关键技术难题,从而推动产业发展。

一、广东、湖北等地实施揭榜制项目管理,破解科技攻关和成果转化难点

2016年,习近平总书记谈及科技成果转化时提出:"可以探索搞揭榜挂帅,把需要的关键核心技术项目张出榜来,英雄不论出处,谁有本事谁就揭榜。"2018年,工信部制定了《促进新一代人工智能产业发展三年行动计划(2018—2020年)》,在人工智能细分领域,按照"揭榜挂帅"的工作机制,招募一批掌握关键核心技术和强大创新能力的创新主体。

揭榜制项目的组织实施主要有需求征集、论证遴选、对接揭榜、资金拨付、项目监管等环节。2018年9月,广东省科技厅发布《关于征集适合揭榜制的重大科技项目需求的通知》,并到北京举行广东重点领域研发计划及创新政策推介会,面向全国包括港澳地区征集科研好项目,在全国率先打破以往项目只接受省内单位申报的单一局面,采用揭榜方式加快攻克技术瓶颈。2018年12月,广东省科技厅发布揭榜制项目张榜的通知,从受理需求申报的193项中遴选出29项揭榜制张榜项目,包括技术攻关类12项,成果转化类17项。经过张榜公告、对接沟通、专家评估和经费审核等工作,2019年5月底,广东省科技厅公示了2019年度省科技创新战略专项资金(揭榜制等)拟立项项目,共有8项达成合作协议(6项成果转化类、2项技术攻关类)。项目内容分布于新一代信息技术、高端装备制造、生物医药、绿色低碳等重点领域,项目协议金额1.7亿元,将获得省财政资助共1 270万元。

揭榜制的项目资金以需求方、揭榜方按协议落实,鼓励企业结合自身需求倍增奖励资金,财政资金给予适当资助。要求项目投入总额不低于1 000万元,实施周期不超过3年。省财政资金将给予项目投入总额20%的资金支持,根据项目投入和进展分两期拨付,分别在企业第一期投入到位后,以及中期评估检查达到考核要求后投入,对单个项目的省财政资助额度最多不超过2 000万元。揭榜制项目主要分为技术攻关和成果转化两类。针对技术攻关的揭榜,即由广东企业提出技术难题或重大需求,经科技厅发榜后,省内外相关科研组织机构均可有针对性地进行攻关。而成果转化的揭榜则是省内外高校、科研机

构等手握成熟且符合广东产业需求的科技成果时,由科技厅发榜后,组织省内有技术需求和应用场景的企业进行转化。

2019年7月2日,湖北省科技厅印发《湖北省科技项目揭榜制工作实施方案》,11月初,经需求征集、论证遴选、对接揭榜、专家评审等环节,确定拟对27个揭榜制科技项目立项补贴。2019年7月8日,山西省首批科技计划揭榜招标项目在北京大学、清华大学首发。2019年9月6日,河南省科技厅发布《关于做好2019年度揭榜制项目张榜有关工作的通知》。

二、广东揭榜制项目管理方式启示

（一）广东揭榜制项目管理方式是对科技项目形成和管理机制的创新,遵循的是需求牵引,解决的是创新资源缺乏、协同创新不够等问题

与长三角等地相比,广东科技基础和力量较薄弱,大院大所较少,缺乏国家级科技领军人物,承载领军人才的大型高端项目在广东落地较少。近几年,广东省针对广东高端创新资源缺乏、协同创新不够等薄弱环节,做好顶层设计,强化从科技计划管理向创新服务转变。在重点领域研发方面,更加突出问题导向、需求导向,大力创新项目遴选方式和形成机制,强化企业创新对核心技术的主导作用,特别提出引入并行资助新模式激励竞争,试行揭榜制,面向全国科研好项目广发"英雄帖"。通过公开张榜公布需求信息,以市场需求为导向、为桥梁连接需求方与揭榜方,最终实现目标需求,解决了信息不对称问题,让更多掌握核心技术和具备相应研究能力的单位和个人获取公平竞争的机会,有效引导企业、大学、科研院所相互配合,发挥各自优势,形成上、中、下游的无缝对接。

（二）揭榜制科技计划项目管理可以成为解决青岛市产学研创新能力不强、供需匹配度不高、融合创新不足的一剂良药

与广东的情况类似,青岛市也同样存在着创新资源不足、产学研合作融合创新不足的问题,因此做好顶层设计显得十分重要。从青岛市技术交易看,2017年青岛市高校院所输出的技术合同成交额15.6亿元,仅占青岛市技术合同成交额的12.32%;从企业的承接能力看,2017年青岛市企业仅承接了驻青高校院所740项、3.45亿元的技术合同,承接的技术合同成交额仅占驻青高校院所输出技术成交额的22.12%。2017年本地企业承接本地技术交易26.03亿元,仅占青岛市本地技术交易的22.71%,而本地企业吸纳技术交易额总共38.04亿元,说明本地企业吸纳的技术有2/3是从本地吸纳的,另有1/3是从外地吸纳的。这反映出青岛市高校院所产出能力不强,并且大部分成果没有被本地企业吸纳,同时企业技术承接能力不强,本地企业大量从外地吸纳技术,说明青岛市产学研供需匹配度不高、融合创新不够紧密。

近几年,青岛市在科技计划管理改革方面也进行了大量的改革创新。在自主创新重大专项的实施方面,2018年10月出台了《青岛市科学技术局自主创新重点专项实施细则(试行)》,强调申报项目的主体主要为企业或以企业为主体的产学研联盟,鼓励产学研结合,但是在项目的申报和立项方面仍然延续着传统的发布指南、组织申报、专家评审、下达项目的流程。

揭榜制是打破地域限制,从全国范围招募具备相应研究能力的单位、人才和项目,优化科技创新供给,激发科技人员积极性,进而形成促进产学研深度融合的全新模式。我们既可以通过公开悬赏的方式调动全市产学研各方力量,激发"大众创业,万众创新"的热情和活力,发挥群体智慧实现重大需求的突破,也可以引导国内创新资源丰富地区的高端机构和人才为青岛市服务。这样既可以解决青岛市产业面临的技术瓶颈问题,也可以促进成熟且符合青岛产业需求的科技成果在青岛市企业进行转化。

针对产学研融合不紧密、科研成果落地难等问题,各级政府部门积极创新项目遴选和形成机制,过去更多是靠政府去"推",而现在则主要靠市场机制去"拉",这个过程不是一步到位,而是权力逐渐地下放。

探索实施揭榜制项目管理模式,不失为政府简政放权、激发更大市场活力的一次有益尝试。

三、对青岛市的建议

《青岛市科技引领城建设攻势作战方案(2019—2022年)》中指出,要改革项目评审和立项机制,把产业化作为项目评审的重要依据。改革项目立项方式,变"相马"为"赛马"。《青岛市科技计划管理改革方案》中强调,强化应用基础研究、关键技术攻关、成果转化示范产业技术创新全链条设计,促进高校院所应用基础研究与产业的精准衔接。基于此,建议学习借鉴广东、湖北等地的先进经验,研究制定青岛市的科技项目揭榜制工作实施方案,对揭榜制项目的组织实施流程进行规范,并到北京、上海等地召开创新政策推介会,加强媒体宣传,营造浓厚的全社会参与的创新氛围,通过面向全社会公开张榜、竞选择优的模式吸引更多优质的项目需求及有攻坚能力的研发团队参与其中,促进核心技术攻关、科技成果转化,同时提升科技计划项目质量与管理水平。

参考文献

[1] 胡意,陈丽丽,蔡桂兰. 揭榜制项目管理模式研究[J]. 中国战略新兴产业(理论版),2019(3):264-266.

[2] 潘慧,陈雪,黄美庆. 提升创新治理和科研服务水平:广东省科技厅首次采用揭榜制面向全国征集省重点领域研发计划项目[J]. 广东科技,2019,28(2):28-29.

[3] 李奎,张跃. 以企业技术需求为导向的悬赏揭榜制改革与探索——以广东省为例[J]. 科技与金融,2019(11):9-11.

编　写:王淑玲
审　稿:谭思明　李汉清

青岛市科研诚信体系建设对策建议

科研诚信是科技创新的基石,是实施创新驱动发展战略、建设世界科技强国目标的重要基础。国家高度重视科研诚信建设工作,近年来陆续发文力推科研诚信体系建设,地方科研诚信体系建设步伐明显加快。为优化科技创新环境,营造创新创业氛围,青岛市科研诚信体系建设一直不断进步,但建设的力度、深度、广度和精细度还不够,与先进地区有一定差距。面对国家提出的更高要求,本文梳理了国内科研诚信体系建设现状,结合青岛市科研诚信体系建设存在的问题,提出对策建议。

一、国家启动新一轮科研诚信体系建设,各地加紧跟进

为净化科研风气,构筑诚实守信的科技创新环境,我国先后出台《关于在国家科技计划管理中建立信用管理制度的决定》(国科发计字〔2004〕225 号)、《国家科技计划(专项、基金等)严重失信行为记录暂行规定》(国科发政〔2016〕97 号)、《关于进一步加强科研诚信建设的若干意见》(厅字〔2018〕23 号)等政策,进一步加强科研诚信体系建设。

地方科研诚信体系建设是我国整体科研诚信体系建设中的重要一环。为使地方监管与顶层监管有效对接,各地正加快配套和完善地方科研诚信体系监管政策与机制(见附件)。根据国家新颁布的若干意见,目前,山东、浙江、河南、湖北、辽宁、吉林、四川、甘肃、福建、天津等省市已出台本地区《关于进一步加强科研诚信建设的实施意见》(实施方案,或征求意见稿);宁夏、广西、西宁、杭州、温州等地出台了更为细化的本地区《科研诚信管理暂行办法》,内容涉及失信主体与行为认定、失信等级划分、失信记录与惩戒等;广东、重庆、苏州等地多年前曾颁布过试行版的《科技计划信用管理办法》;而自国务院办公厅《关于进一步加强科研诚信建设的若干意见》下发后,湖南率先出台与之相配套的《科技计划(专项、基金等)科研诚信管理办法》。

二、青岛科研诚信体系建设正在提速,细节有待完善

2019 年 10 月,青岛市科学技术局出台《青岛市科技计划项目科研诚信管理工作规程(试行)》(青科规〔2019〕6 号),将科研诚信要求融入项目指南、立项评审、过程管理、结题验收和监督评估等科技计划管理的全过程;明确了三类失信行为责任主体,即科技计划严重失信行为责任主体、科研领域联合惩戒行为对象、其他行为责任主体;并将具备良好的科研诚信状况作为参与各类科技计划的必备条件,对严重违背科研诚信要求的责任者,实行"一票否决"。该规程首次将科研领域失信行为纳入全市联合惩戒

范畴,然而在科研诚信体系建设方面青岛市还存在以下问题。

(一)缺乏系统的科研诚信相关配套政策

青岛市在《进一步加强科研诚信建设的实施方案》(征求意见稿)的基础上,仅出台了《青岛市科技计划项目科研诚信管理工作规程(试行)》,而在科研活动的其他领域,涉及科研诚信体系的法律法规和管理办法尚不完善。比如,尚未建立科研诚信信息采集、管理、使用等方面的规章制度,尚未在科研诚信承诺、科研诚信评价、科研诚信信息安全、科研诚信社会监督、科研守信奖励和科研失信惩戒等方面出台具体、可操作的管理办法和实施细则,等等。

(二)科研诚信管理体制机制尚未建立

青岛市科学技术局在 2019 年年初成立了科技监督与诚信建设处,专门负责科技监督评价体系建设和科技评估管理工作。新部门的成立仅是强化科技监督的第一步,如何建立健全科研诚信管理体制机制是关键。目前,科技监督与诚信建设处的科研诚信管理工作多局限于市科技局系统层面,而与国家、省、市、区之间,与其他市级职能部门之间的科研诚信管理体系尚未建立,各级科研诚信管理部门的职责分工、信息共享、奖惩机制等体制机制尚未建立,一纵一横两条科研诚信交互线尚需打通。

(三)缺乏统一的科研诚信信息共享平台

由于不同的科研主管单位掌握不同科研人员或科研团队的诚信信息,而这些信息一方面并未完整建立,另一方面并未实现共享共用,因而无法遏制科研失信者在部门之间的投机取巧行为,不能有效地对存在失信行为的个体和机构实施诚信监督与惩戒。

三、对策建议

(一)建立健全科研诚信相关制度

一是尽快出台市级科研信用管理办法,对科研信用征信环节及内容、信用评价标准、信用评价结果管理与应用等进行规定,以提高青岛市科技计划管理相关责任主体的信用意识与信用水平,确保科技资源分配的公正性和有效性。二是建立科研诚信承诺和评价制度,前置签署诚信承诺书,对科研项目全过程进行信用评价评级,并按照信用评级情况进行严格分类管理,同时对项目承担单位、科研人员、评估评审专家、中介机构等进行信用评级。三是建立科研诚信信息安全制度,严格执行信息安全等级保护制度,完善对信用信息管理系统发生的信息安全事件响应和处置机制,确保信用信息采集、存储、交换、加工、使用和披露过程中的信息安全。四是建立科研诚信社会监督制度,对承担国家、省市科研项目的立项情况、资金安排、验收结果要向社会公开,接受社会监督。逐步扩大公众对科技信用管理的知情权、参与权、监督权。承担单位要把资金使用、仪器设备购置和项目成果在内部公开,接受承担单位内部监督。接受公民、法人或者其他组织的投诉举报,并负责投诉举报的受理、调查和反馈。

(二)完善科研诚信管理体制机制

一是要创新性地开展科研诚信建设与管理工作,开拓新思路、挖掘新内容,优化管理与服务,加强事中事后监管,释放活力,提高效率,管好底线与秩序,为科研活动保驾护航。二是与各级政府部门、科研院所、学术团体的科技诚信管理机构有效对接,建立健全科研诚信联合管理领导体制和工作机制,全面收集、录入和处理各个口径的科研诚信信息,并依职权和程序受理有关科研不端行为的投诉、举报、调查、异议处理等。三是强化各级各部门监督和评估工作的统筹衔接,改进监督检查和评估方式,尽量减轻承担单位和科研人员的负担,同时强化监督结果运用,加大对违规行为的惩处力度,发挥好监督评估的指挥棒、风向标作用。

（三）建立全市统一的科研诚信管理平台

信息标准化是建立科技信用信息体系的基础,是进行科技信用信息有效共享的前提。根据国家部委出台的有关文件,科研诚信档案可分为个人/机构基本信息和个人/机构科研诚信记录两部分。科研诚信档案记录字段的设置应准确、详细、有效,以完备记录学术事件行为和科研项目履约行为。同时,应与国家、省级科技管理系统相对接,依托相关资源,依次建立个人严重失信行为记录、机构严重失信行为记录、个人一般失信行为记录、机构一般失信行为记录、个人守信行为记录和机构守信行为记录,实现数据信息共享。

编　写:姜　静

审　稿:谭思明　李汉清　王淑玲

附件　国内科研诚信建设相关文件一览表

序号	发文省(市)或单位	名称	文号/日期	发文机构	备注
1	国家部委	《关于在国家科技计划管理中建立信用管理制度的决定》	国科发计字〔2004〕225号	科技部	科技信用信息包括管理对象的基本信息、不良行为记录信息和良好行为记录信息三方面。要结合电子政务工程,逐步建立国家科技计划信用数据库和信用信息共享平台系统
2		《国家科技计划实施中科研不端行为处理办法(试行)》	科技部令(第11号)2006—11	科技部	包括总则、调查和处理机构、处罚措施、处理程序、申诉和复查、附则等
3		《关于加强我国科研诚信建设的意见》	2009—08	科技部	包括指导思想、原则与目标、推进科研诚信法制和规范建设、完善相关管理制度等方面
4		《关于切实加强和改进高等学校学风建设的实施意见》	教技〔2011〕1号	教育部	规范学术不端行为调查程序;严肃处理学术不端行为
5		《关于进一步加强高校科研项目管理的意见》	教技〔2012〕14号	教育部	建立科研人员科研诚信档案,引导科研人员遵守相关法律法规,恪守科学道德准则,有效遏制科研不端行为
6		《医学科研诚信和相关行为规范》	国卫科教发〔2014〕52号	国家卫计委	分为医学科研人员诚信行为规范、医学科研机构诚信规范
7		《关于优化学术环境的指导意见》	国办发〔2015〕94号	国务院办公厅	第七条:完善科研机构学术道德和学风监督机制,实行严格的科研信用制度,建立学术诚信档案,加大对学术不端行为的查处力度,将严重学术不端行为向社会公布,并在项目申报、职位晋升、奖励评定等方面采取限制措施
8		《关于建立完善守信联合激励和失信联合惩戒制度　加快推进社会诚信建设的指导意见》	国发〔2016〕33号 2016—06	国务院	健全约束和惩戒失信行为机制;完善个人信用记录,推动联合惩戒措施落实到人
9		《高等学校预防与处理学术不端行为办法》	中华人民共和国教育部令第40号	教育部	高等学校应当建立教学科研人员学术诚信记录,在年度考核、职称评定、岗位聘用、课题立项、人才计划、评优奖励中强化学术诚信考核
10		《国家科技计划(专项、基金等)严重失信行为记录暂行规定》	国科发政〔2016〕97号	科技部	明确自然人和机构的严重失信行为,依托国家科技管理信息系统建立严重失信行为数据库
11		《关于进一步加强科研诚信建设的若干意见》	厅字〔2018〕23号	国务院办公厅	坚持无禁区、全覆盖、零容忍,严肃查处违背科研诚信要求的行为,着力打造共建共享共治的科研诚信建设新格局
12	中国科学院	《关于加强科研行为规范建设的意见》	2007—02	中国科学院	涉嫌科学不端行为的投诉一般由院属机构受理。对于有明确涉嫌科学不端行为的事实和理由,且有真实署名的书面投诉,应予受理。处理程序一般包括初步调查、正式调查、公布结论和处理意见等环节
13	中国工程院	《中国工程院关于涉及院士科学道德问题投诉件的处理规定》	2008—11	中国工程院	对受理范围、受理程序、调查核实、处理及回复投诉人等做出了规定
14	北京	《北京市科技计划管理相关责任主体信用管理办法》	〔2010〕458号	科学技术委员会	价标准、信息管理的实施、附则等。指出"科技信用是对个人或机构在参与科技计划相关任务时履行约定义务、遵守科技界公认行为准则的一种评价"
15	浙江	《浙江省科技计划信用管理和科研不端行为处理办法(试行)》	浙科发计〔2007〕306号	浙江省科技厅	科技计划信用管理和科研不端行为处理的对象是参与和执行省科技计划的相关主体,包括省科技计划的执行者、评价者和管理者

续表

序号	发文省(市)或单位	名　称	文号/日期	发文机构	备　注
16	浙　江	《杭州市科研诚信管理办法(试行)》	杭科计〔2019〕26号	杭州市科技局	建立市科研诚信管理数据库、信用评价及奖惩制度
17		《关于印发〈绍兴市失信黑名单制度建设工作方案〉的通知》	绍市发改综〔2015〕51号	绍兴市发改委	包括总体要求、主要任务、实施步骤、保障措施等
18	广　东	《关于全面深化科技体制改革加快创新驱动发展的决定》	粤发〔2014〕1号	广东省委、广东省人民政府	优化创新社会环境,制定科研信用管理办法,建立全省科研诚信档案和黑名单制度
		《广东省科学技术厅关于省科技计划信用的管理办法(试行)》	粤科监审字〔2014〕118号	广东省科技厅	省科技厅建立省科技计划信用管理数据库,对省科技计划信用管理相关责任主体信用信息记录和评级进行信息化管理,作为省科技计划项目立项和管理的参考依据
19		《广东省人民政府关于印发〈广东省社会信用体系建设规划(2014—2020年)〉的通知》	2015—11	广东省人民政府	第五节规定:到2015年,全省重点人群信用档案全面建立,并推行职业信用个人报告和第三方评价制度
20		《广东省自主创新促进条例》	广东省第十二届人民代表大会常务委员会公告(第53号)2016—03	广东省人大常委会	第五十条第三款修改为:"政府设立的自主创新项目的主管部门,应当为承担项目的科学技术人员和组织建立科研诚信档案,并建立科研诚信信息共享机制。科研诚信情况应当作为专业技术职务职称评聘、自主创新项目立项、科研成果奖励等的重要依据。"
21	上　海	《上海市科技进步条例》(修订草案)	2010—05	上海市人大常委会	第24条明确:鼓励科技人员自由探索、勇于承担风险。原始记录能证明承担探索性强、风险高的科研项目的科技人员已履行勤勉尽责义务仍不能完成项目的,不影响其继续申请本市利用财政性资金设立的科研项目
22		《2015年上海市科研计划专项经费管理办法》	沪财教〔2015〕95号	上海市财政局、上海市科委	第25条规定:建立专项经费信用管理机制。市科委对承担单位、项目(课题)责任人、专业机构、专家等在专项经费使用和管理工作中的诚信进行记录,作为今后参加项目(课题)申报和管理等活动的重要依据
23	湖　南	《湖南省科技计划(专项、基金等)科研诚信管理办法》	湘科发〔2018〕172号	湖南省科技厅	对省财政科技计划进行全流程诚信管理,建立终身追究制度,对严重失信行为责任主体实行"一票否决"。建立科研诚信信息系统或数据库,加强共享应用,并逐步推行与科研诚信等级挂钩的科技计划项目和经费分类管理模式
24	湖　北	《湖北省企业失信行为联合惩戒办法(试行)》	鄂政办发〔2015〕67号	湖北省政府办公厅	包括总则、纳入联合惩戒范围的企业失信行为、失信行为程度认定、失信行为公示及惩戒、信用修复及附则等
25	江　苏	《江苏省社会法人失信惩戒办法(试行)》	苏政办发〔2013〕99号2013—05	江苏省人民政府办公厅	本办法所称社会法人,是指国家机关以外的具有民事权利能力和民事行为能力,依法独立享有民事权利和承担民事义务的组织,包括企业法人、事业单位法人、社会团体法人
26		《江苏省自然人失信惩戒办法(试行)》	苏政办发〔2013〕100号	江苏省人民政府办公厅	本办法所称自然人,是指在本省行政区域内连续居住满1年以上,参加民事活动,享有民事权利,承担民事义务的个人,包括个体工商户
27		《江苏省科技计划项目相关责任主体信用管理办法(试行)》	苏科计发〔2013〕297号	江苏省科技厅	省科技厅成立省科技计划项目信用管理工作小组,根据本办法制定相关工作细则,修订信用评价标准,记录评价相关责任主体的信用情况,并对不良信用行为提出处理建议

序号	发文省(市)或单位	名 称	文号/日期	发文机构	备 注
28	江 苏	《江苏省行政管理中实行信用报告信用承诺和信用审查办法》	苏政办发〔2013〕101号	江苏省人民政府办公厅	江苏省行政机关及具有行政管理职能的公用事业单位在行政管理中对行政相对人实施信用管理制度
29		《推进简政放权放管结合转变政府职能工作方案》	苏政发〔2015〕97号 2015—08	江苏省人民政府	第七条提出:推进社会信用体系建设,建立信息披露和诚信档案制度、失信联合惩戒机制和黑名单制度,探索建立事业单位信用等级评价和行业协会、商会信用等级评价制度
30		《江苏省科技进步条例》	2016—07	江苏省人大常务委员会	在第56条规定:高校、研发机构、企事业单位及其科技人员,骗取财政性科技经费的,违反规定使用财政性科技经费的,抄袭、剽窃、肢解、篡改、假冒或者以其他方式侵害他人知识产权的,窃取科技秘密的,依法追回经费或不正当收益,记入诚信档案;3年内,主管人员或其他直接责任人员不得申报财政性资金设立的科研项目,构成犯罪追究刑事责任
31		《江苏省社会信用体系建设规划纲要》	苏政发〔2015〕21号	江苏省人民政府	在个人信用基础数据库的基础上,建立公务员诚信档案
32	宁 夏	《宁夏回族自治区科技计划项目信用管理及科研不端行为处理暂行办法》	宁科计字〔2007〕34号	宁夏回族自治区科学技术厅	本办法适用于自治区科技厅归口管理的自治区科技计划项目管理的全过程,具体包括项目的申报、立项、预算、实施、评估、监理、验收、鉴定、评奖等各个环节
33	重 庆	《重庆市科学技术委员会科技计划信用管理办法(试行)》	渝科委发〔2014〕57号	重庆市科学技术委员会	对各相关责任主体实行科技计划信用记分制。科技计划信用记分初始分值为10分,当相关责任主体出现科研不端和失信行为时,根据科技计划信用记录扣减相应分值
34	山 西	《山西省企业信用行为联合奖惩办法(试行)》	2015—11	山东省人民政府办公厅	规定了守信行为、失信行为认定标准及依据,明确了各部门要依法实施的联动奖励、联动惩戒措施;同时,对"信用修复""异议处理"的条件和程序等做出了规定
35	陕 西	《陕西省违法失信"黑名单"信息共享和联合惩戒办法》	陕发改财金〔2016〕337号 2016—06	陕西省发展和改革委员会及陕西省高级人民法院	一方面要求各级行政、司法部门建立"黑名单"管理制度,另一方面鼓励各类社会组织、金融机构等积极参与,通过"黑名单"信息的共享和公开,实现由多个部门在多个领域对失信主体共同实施惩戒,全方位提高违法失信成本
36	四 川	《关于进一步加强失信被执行人联合惩戒推进四川诚信建设的意见》	2016—08	四川省高级人民法院	针对法院判决执行难的问题,提出12条措施惩戒失信被执行人,其内容包括行业准入、交通出行和评职晋级等方面的限制
37	甘 肃	《甘肃省省级科技计划(专项、基金等)严重失信行为记录规定(试行)》	甘科计〔2016〕7号	甘肃省科技厅省发展改革委省教育厅等10单位	甘肃省科学技术厅会同有关行业部门、项目管理专业机构,根据科技计划和项目管理职责,负责受其管理或委托的科技计划和项目相关责任主体的严重失信行为记录管理和结果应用工作

续表

序号	发文省(市)或单位	名　称	文号/日期	发文机构	备　注
38	厦　门	《厦门市守信激励与失信惩戒办法(试行)》(征求意见稿)	2016—08	厦门市发展和改革委员会	本办法适用对象为社会法人及16周岁以上具有完全民事行为能力的自然人、重点职业人群
39	山　东	《山东省科学技术进步条例》	2012—01	山东省人民代表大会常务委员会	利用财政性资金设立的科学技术研究项目的管理机构,应当为参与项目的科学技术人员建立学术诚信档案,作为对科学技术人员进行评价、项目申报、职称评审和岗位聘用等的依据
40		《山东省社会信用体系建设规划(2015—2020年)》	鲁政发〔2015〕22号	山东省人民政府	建立教育、科研领域相关人员信用档案和信用评价制度。建立教育、科研领域诚信制度

参考文献

[1] 刘洪章. 科研信用体系建设的问题与思路[J]. 中国信息界,2019(3):94-96.

[2] 张树良. 我国地方科研诚信监管体系建设需求及其重要性分析[J]. 现代情报,2018,38(9):139-144.

[3] 董全超,孙唯敏. 国家科研信用体系建设与研究[J]. 中国科技资源导刊,2018,50(4):1-5,70.

青岛市国际科技合作发展的对策建议

一、国际科技合作成为青岛市集聚全球创新资源的重要手段

（一）国家级国际科技合作基地已达 19 家,居计划单列市之首

近年来,青岛市着力建设"一带一路"新亚欧大陆经济走廊主要节点、海上合作战略支点城市,已逐步构建起合作稳定、联系广泛的国际科技合作新格局。目前,青岛市拥有国家级国际科技合作基地(以下简称国合基地）19 家,居计划单列市之首。国合基地包括国际创新园、国际联合研究中心、国际技术转移中心和示范型国际科技合作基地等不同类型,在利用全球科技资源、扩大科技对外影响力等工作中起到骨干和中坚力量。

（二）布局海外研发中心,青岛科创加速"走出去"

据不完全统计,目前青岛市的 48 家海外研发中心涉及白色家电、智能制造、轨道交通、生物技术、绿色铸造、信息技术等多个领域,"走出去"成为企业发展新理念。在知识密集的技术高地建立海外研发中心,正成为科研院所和企业提升创新能力的重要途径。海尔、海信致力于建设全球创新网络;"中泰首个气候与海洋生态联合实验室""中国－马耳他水产养殖联合实验室"已经上升到国家层面的合作。

（三）综合服务功能有待提高

国内部分省市已建设国际科技合作高端平台,比如"四川国际科技合作网""上海中小企业国际科技合作信息服务平台""国际科技合作——重庆行动"等,江苏、上海等地还建设了涉外技术交易服务平台,可实现国际科技项目的综合管理、供求信息发布等功能,极大地推动了当地的国际科技合作发展。青岛市虽然已建有技术交易平台,如"蓝海技术交易网",但主要针对国内技术交易,缺少统一的、规范的、规模性的国际技术转移体系,综合服务功能有待提高。

（四）"蓝洽会"成为吸引海外高层次人才的重要途径

"蓝洽会"始办于 2001 年,已经成为中国北方集聚海内外人才智力和技术交流合作的知名平台,特别是近五年来,人才智力合作成果丰硕,吸引 4 000 多名海外高层次人才来青洽谈对接,直接吸引近千名高层次人才"留下来"创业创新。通过"蓝洽会"引进的海外人才,又以团队带入、直接合作、推荐来青等多种形式,间接引进海外高层次人才 1 000 余名。一大批处于国内乃至国际领先地位的先进技术、高端

项目落户青岛,极大丰富了青岛的创新供给。

二、青岛市国际科技合作存在资金、管理机制等发展瓶颈

(一)财政、金融支持力度较弱

一是目前青岛市对国际科技合作的政策支持体系尚不完善,相关的法律法规体系和支持服务措施相对滞后;二是经费投入不足,企业在海外设立研发机构费用相对高昂,现有财政支持力度相对较小;三是缺乏对国际科技合作进行专门支持的金融借贷产品。

(二)企业的主体功能尚需强化

青岛的19家国家级国际科技合作基地,仅7家是依托企业建立的;2018年青岛市PCT国际专利申请量1 088件,而深圳市高达1.8万件,差距巨大。企业在国际科技合作中的主体作用尚未被激发,影响青岛市国际科技合作向更高层次发展。

(三)综合服务功能有待提高

国内部分省市已建设国际科技合作高端平台,比如"四川国际科技合作网""上海中小企业国际科技合作信息服务平台""国际科技合作——重庆行动"等,江苏、上海等地还建设了涉外技术交易服务平台,可实现国际科技项目的综合管理、供求信息发布等功能,极大地推动了当地的国际科技合作发展。青岛市虽然已建有技术交易平台,如"蓝海技术交易网",但主要针对国内技术交易,缺少统一的、规范的、规模性的国际技术转移体系,综合服务功能有待提高。

三、青岛市国际科技合作向高层次发展还需精准施策

(一)制定"一国一策"国际科技合作发展战略

统筹国家战略和地方特色,推动青岛市高校院所、科研机构、创新型企业等与"一带一路"沿岸国家开展科技合作与交流,争取将合作纳入国家对外合作框架。深化与俄罗斯、白俄罗斯等国的科技合作长效机制,依托商会、同乡会等渠道,按照"一国一策、一地一策、精准施策"思路,在重点领域开展技术合作,对接科技项目和人才需求,加强合作领域、路径、措施等研究,建立健全国际科技合作长效机制。

(二)强化园区建设,推动国际科技合作发展

加大对技术转移服务的支持力度,支持引进国内外知名技术转移服务机构和国际技术转移项目。加快中以科技创新园、中德生态园、中美创新园、上海合作组织国际技术转移中心、国际协同创新中心等建设,推动创新资源跨国转移转化。鼓励企业"走出去",在英国、以色列等国家建设离岸孵化基地,打造"海外预孵化—本地加速孵化"的国际技术转移模式。建设上合组织国家技术转移公共技术服务平台,形成一个面向各产业领域技术转移全过程的集数据信息、应用系统、技术服务和技术咨询为一体的综合系统,构筑上合组织国家领先的技术转移管理运营系统。

(三)将中俄科技合作打造成"一带一路"合作新亮点

紧紧抓住中国"一带一路"倡议、俄罗斯"欧亚经济联盟"发展战略构想的机遇,充分利用中俄顶尖工科创新资源,以创新要素为原动力,依托中俄工科大学联盟,建设阿斯图联盟中俄大学生创新基地、人才交流基地,实现跨区域联动,分区域活动,推动中俄学生交流。扩建阿斯图联合研究生院,增加两国互派留学生人数。建设中俄两国青年学生创新平台、阿斯图学术交流平台等六大创新合作平台。

（四）建设专门的金融支持体系

加强与进出口银行、中国信保、国家开发银行等金融机构合作，积极争取丝路基金、东盟基金、中东欧基金、中非基金等股权投资基金支持。加快建立国际科技合作专项投资基金，提供海外项目融资、海外发债等金融服务，并支持引进海外天使投资人等国际创投资本和企业。

（五）促进产学研深度结合，培育国际型创新企业

在青岛"956"产业新体系构架下，促进特色产学研深度结合，对重点发展领域的科技创新国际化合作项目给予重点培育和扶持，充分发挥本区域创新要素优势，加强在数字经济、人工智能、纳米技术、量子计算机等前沿领域合作，推动大数据、云计算、智慧城市建设。分类推进，支持不同发展阶段企业选择差异化创新方式，鼓励拥有较强国际竞争力的企业通过建立海外研发中心、合资、参股等方式迅速提高科技创新能力，以真正实现企业的自主创新。

🪐 参考文献

[1] 叶乘伟. 当代国际科技合作模式研究[D]. 南宁：广西大学，2005.

[2] 骆大伟，柴晓娟. 常州市科技创新国际合作模式浅析[J]. 黑龙江科技信息，2014（2）：71.

[3] 张业倩. 构建我国新型国际科技合作机制研究[J]. 科技资讯，2017，15（20）：142-142.

编　写：王春莉

编　审：谭思明

青岛城市创新能力与制约因素分析

《中国创新城市评价报告》是由北京立言创新科技咨询中心牵头北京、天津等多个城市科技管理部门联合开展的重点城市创新能力评价研究成果,也是国内较为权威的城市创新评价报告之一。中国创新城市评价指标体系由"创新资源""创新投入""创新企业""创新产业""创新产出""创新效率"6项一级指标和30项二级指标构成,选取4个直辖市、15个副省级城市和创新发展较快的苏州共计20个城市为评价对象,以最发达国家和地区的创新水平为评价标准,对20个城市的创新能力和水平进行量化评价[1]。本文基于《中国创新城市评价报告2014》《中国创新城市评价报告2015》和《中国创新城市评价报告2016—2017》,对青岛城市创新水平和重要制约因素进行分析。

一、青岛城市创新水平评价

近三年评价结果显示(图1),青岛创新指数由2013年的44.4%提高到2015年的53.31%,在20个城市中排名由第17位上升到第15位,创新水平高于全国平均水平,但低于20个城市的平均水平,处于第二集团末端[2-4]。在副省级城市中创新指数排名由第13位上升到第11位,总体处于同类城市中后端。

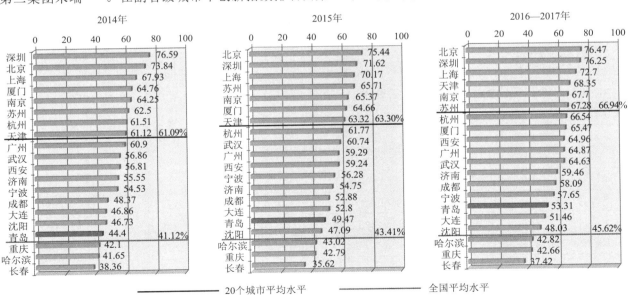

图1　2014—2017年中国城市创新评价排名

二、制约青岛城市创新能力的主要因素

（一）产业创新能力不强是制约总体创新水平提升的首要因素

综合近三年评价结果可见（表1），6项一级指标的平均排名中仅有创新产业平均排名（第19位）低于总指数排名（第16位），是制约青岛城市创新水平的首要因素。

表1　2013—2015年青岛城市创新评价指标值与排名[2-4]

序　号	指标名称	评价值			排　名			平均排名
		2013	2014	2015	2013	2014	2015	
1	创新资源	54.36	68.44	72.37	15	12	12	14
1.1	万人研究与发展（R&D）人员数/（人·年）	50.23	51.04	54.58	14	14	14	18
1.2	大专以上学历人口占比重/%	13.29	13.19	16.97	18	18	17	13
1.3	百万人口大专院校在校学生数/万人	3.35	3.47	3.54	13	13	13	9
1.4	人均GDP/万元	8.64	9.23	9.91	9	9	9	6
1.5	万人国际互联网络上网人数/人	2 543.7	7 709.3	7 137.5	14	1	3	14
2	创新投入	59.69	62.92	62.34	11	9	10	10
2.1	R&D经费支出占GDP比重/%	2.73	2.81	2.84	10	10	10	10
2.2	企业R&D经费支出中政府投入比重/%	2	1.86	1.92	18	18	18	18
2.3	研究机构和高校的R&D经费支出中企业投入比重/%	7.96	12.5	13.87	8	3	2	4
2.4	基础研究支出占R&D经费支出比重/%	5.28	3.95	4.01	11	14	15	13
2.5	地方财政科技支出占地方财政支出比重/%	2.56	2.51	2.34	14	14	15	14
3	创新企业	37.82	41.89	45.47	15	14	14	14
3.1	企业R&D经费支出占主营业务收入比重/%	1.12	1.23	1.3	10	9	9	9
3.2	开展R&D活动的企业占比重/%	12.51	17.56	25.1	15	12	10	12
3.3	企业技术获取和技术改造经费支出占主营业务收入比重/%	0.13	0.17	0.19	19	19	18	19
3.4	企业消化吸收经费支出与技术引进经费支出比例/%	49.1	44.58	27.18	4	5	6	5
3.5	企业R&D研究人员占企业就业人员比重/%	1.01	1.01	1.17	13	13	12	13
4	创新产业	18.6	20.36	29.6	19	18	18	19
4.1	高技术产业就业人员占全社会就业人员比重/%	1.46	1.54	1.62	15	15	16	15
4.2	知识密集型服务业就业人员占全社会就业人员比重/%	1.55	1.83	1.96	20	20	20	20
4.3	高技术产品出口额占商品出口额比重/%	7.79	8	8.74	18	18	18	18
4.4	新产品销售收入占主营业务收入比重/%	15.48	16.1	16.1	13	11	14	13
4.5	高新技术产业开发区技术性收入占总收入比重/%	0.4	0.79	11.83	20	19	12	17
5	创新产出	39.45	49.26	55.67	17	15	15	16
5.1	万人发明专利拥有量/件	6.98	9.4	14.34	17	15	13	15
5.2	万人美国专利拥有量/件	0.11	0.14	0.18	11	11	12	11
5.3	万人输出技术成交额/亿元	0.04	0.06	0.08	18	15	15	16
5.4	万元生产总值技术国际收入/美元	2.38	2.34	2.33	13	13	14	13
5.5	万人商标有效注册数/个	69.82	82.52	102.21	12	12	13	12
6	创新效率	60.19	57.26	57.81	5	7	8	7
6.1	高技术产业劳动生产率/（万元/人）	34.02	33.07	33.5	4	5	6	5

序　号	指标名称	评价值			排　名			平均排名
		2013	2014	2015	2013	2014	2015	
6.2	知识密集型服务业劳动生产率／（万元／人）	89.04	111.68	107.64	2	2	2	2
6.3	劳动生产率／（万元／人）	12.21	14.22	15.25	11	11	11	11
6.4	资本生产率／（万元／万元）	0.54	0.4	0.37	9	10	12	10
6.5	综合能耗(标准煤)产出率／（元／千克）	15.38	16.45	17.82	12	12	13	12

从评价值来看,2015 年,青岛创新产业指数为 29.6％（图 2）,虽然较 2013 年增长了 11 个百分点,但与排名稳居前三位的深圳（85.49％）、上海（78.77％）、北京（71.00％）差距巨大,与苏州（64.76％）、武汉（59.63％）、杭州（55.73％）等同类城市也有相当差距。

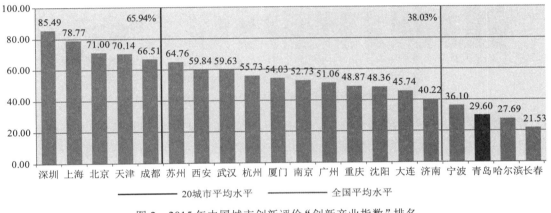

图 2　2015 年中国城市创新评价"创新产业指数"排名

从二级评价指标来看,知识密集型服务业就业人员占全社会就业人员比重低、高技术产品出口额占商品出口额比重小、青岛高新技术产业开发区技术性收入占总收入比重少是制约产业创新的三个主要因素,具体表现在以下三个方面。

（1）知识密集型服务业发展缓慢。知识密集型服务业又称高技术服务业,包括金融业、信息传输／计算机服务和软件业、商务服务业、科学研究／技术服务业等 5 个行业,其就业人员占全市就业人员比重反映了城市知识密集型服务业的发展程度。2015 年,青岛知识密集型服务业就业人员占全社会就业人员比重为 1.96％（图 3）,远低于 20 城市 5.92％的平均水平,与 2.87％的全国平均水平尚有一定差距,排名第 20 位,是 30 个二级指标中排名最低的指标。

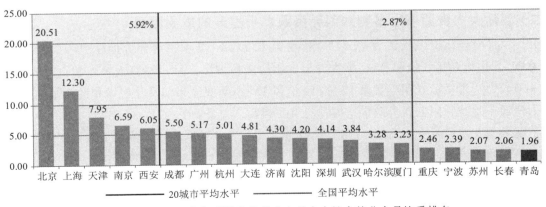

图 3　2015 年知识密集型服务业就业人员占全社会就业人员比重排名

（2）高技术产业竞争力弱。2015年,青岛高技术产品出口额占商品出口额比重为8.74%,与28.82%的全国平均水平和38.68%的20城市平均水平有相当的差距。2016年,该比重提高至9.5%,差距并未明显缩小。从全市外贸出口商品分类来看,机电产品(42.2%)、纺织服装(15.7%)、农产品(11.7%)三类出口商品的出口额占比均高于高技术产品,说明全市产业转型升级缓慢,高技术产业产品竞争力有待提升。

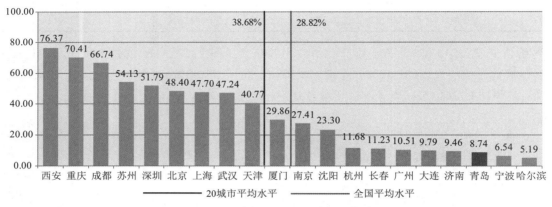

图 4 2015年高技术产品出口额占商品出口额比重排名

（3）高新技术产业开发区创新能力偏低。2015年,青岛高新技术产业开发区技术性收入占总收入比重为11.83%,说明高新技术产业开发区总收入中,近90%的收入为产品和商品销售收入,反映出开发区企业技术创新能力偏低,与杭州(21.46%)、深圳(19.27%)、成都(19.26%)等城市差距较大。

图 5 2015年高新技术产业开发区技术性收入占总收入比重排名

（二）创新人力资源不足是制约创新资源水平提升的重要因素

2015年,青岛创新资源指数为72.37%,排名第12位。在5项二级评价指标中,万人互联网上网数和人均GDP分别排名第3位和9位,但大专以上学历人口占比、万人R&D人员数和百万人大专院校在校生数3项人力资源指标分别排名第17位、14位和13位,可见全市信息化建设和经济基础条件较好,但创新人力资源不足是制约创新资源水平提升的重要因素。主要表现在:

（1）高水平人力资源占比偏低。2015年,全市大专以上学历人口占6岁以上人口比重为16.97%,较20个城市平均水平低7.84个百分点,与南京(37.68%)、厦门(34.82%)、广州(33.59%)等同类城市差距较大,反映出全市人口素质和人力资源水平与同类城市相比还存在一定差距。

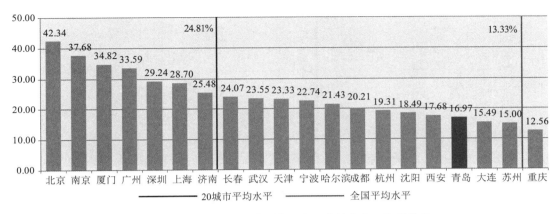

图 6　2015 年大专以上学历人口占 6 岁以上人口比重排名

（2）创新主体——R&D 人员数量偏少。2015 年，全市每万人 R&D 人员全时当量为 54.58 人·年，2016 年提高到 57.75 人·年，但仍低于 2015 年 20 城市平均水平（75.92 人·年），与排名前三位的深圳（181.33 人·年）、广州（122.72 人·年）、苏州（116.79 人·年）差距较大。R&D 人员是创新主体力量，其每万人 R&D 人员全时当量低反映了创新人力资源的不足。

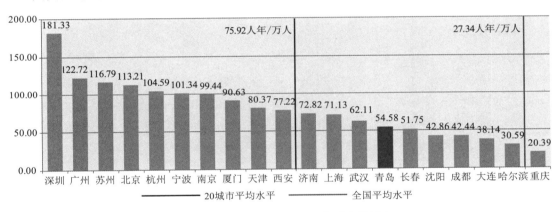

图 7　2015 年万人 R&D 人员全时当量排名

（三）政府创新投入偏低是制约创新投入水平提升的重要因素

2015 年，青岛创新投入指数为 62.34%，排名第 10 位。在 5 项二级评价指标中，研究机构和高校 R&D 经费支出中企业投入占比、R&D 经费支出占 GDP 比重分别排名第 2 位和第 10 位，而企业 R&D 经费支出中政府投入比重、地方财政科技支出占比和基础研究支出占比 3 项指标分别排名第 18 位、第 15 位和第 15 位，可见全市 R&D 经费支出水平和产学研合作水平较高，但政府创新投入偏低是制约创新投入水平提升的重要因素。主要表现在以下方面。

（1）政府对企业创新活动支持力度有待提高。2015 年，企业 R&D 经费支出中政府投入比重仅为 1.92%，较 20 个城市平均水平低 3.6 个百分点。

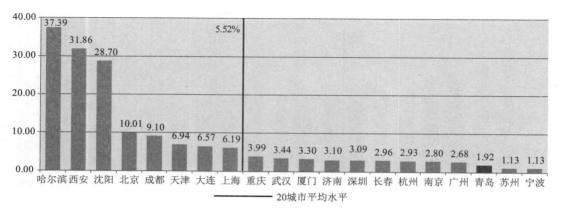

图 8　2015 年企业 R&D 经费支出中政府投入比重排名

（2）政府科技投入力度呈现下降趋势。2013—2015 年，地方财政科技支出占地方财政支出比重由 2.56％降到 2.34％，2016 年继续下降至 1.78％。而深圳、广州、杭州等城市 2015 年较 2014 年分别增长 1.72、1.12、0.37 个百分点。

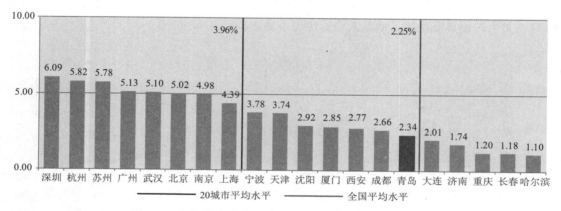

图 9　2015 年地方财政科技支出占地方财政支出比重排名

（四）企业技术创新投入水平不高是制约企业创新能力提升的重要因素

2015 年，青岛创新企业指数为 45.47％，排名第 14 位。在 5 项二级评价指标中，企业消化吸收经费支出与技术引进经费支出比例（第 6 位）、企业 R&D 经费支出占主营业务收入比重（第 9 位）、开展 R&D 活动的企业占比（第 10 位）和企业 R&D 研究人员占企业就业人员比重（第 12 位）相对较高，但企业技术获取和技术改造经费支出占主营业务收入比重排名第 18 位，仅为 0.19％，较 20 城市平均水平低 0.21 个百分点。企业技术获取和技术改造经费包括技术引进经费、消化吸收经费、技术改造经费和购买国内技术经费支出，其占主营业务收入比重是衡量企业创新能力和创新投入水平的重要指标。企业技术获取和技术改造经费支出占主营业务收入比重偏低直接反映了青岛市企业技术承接意愿不足，技术交易额较低，科研成果墙里开花墙外香等。

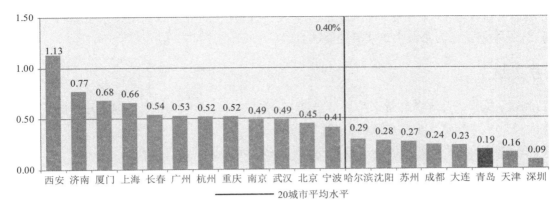

图10　2015年企业技术获取和技术改造经费支出占主营业务收入比重排名

三、提升青岛市创新能力的对策建议

（一）聚焦高技术产业培育，加快推进产业集群发展

一是"一业一策"培育高技术产业。以"双百千"工程为统领，深入落实《高技术产业"一业一策"行动计划（2017—2021）》，围绕生物医药、医疗器械及仪器仪表、信息服务等高技术制造业和高技术服务业（知识密集型服务业）产业领域和产业链关键环节，完善产业创新政策，引进高技术产业项目，培育重点企业，搭建高水平创新平台，加快产业核心技术和关键技术攻关，切实推动高技术产业快速发展壮大。二是推动产业集聚发展。围绕高技术产业细分行业分类，明确行业重点区（市）、园区，推动各区市、功能区培育优势特色产业，集聚发展。支持生物医药、仪器仪表、机器人、增材制造等产业更多向高新区集聚，新一代信息技术、文化创意、船舶与海工装备、航空航天等产业向西海岸新区集聚，优化园区功能、建设创新平台、完善产业链条，推动功能区转型升级。

（二）聚焦创新人才团队引进，激发人才创新活力

一是突出重点，引进产业创新人才团队。发挥企业、高校院所平台作用，聚焦优先发展的微电子、生物医药、先进制造等高技术和新兴产业领域，突出"高精尖缺"，引进培养具有国际水平的战略科技人才、科技领军人才、青年科技人才和高水平创新团队。高度重视并积极支持实用型工程技术人才的培养引进。二是强化激励，释放人才活力。采取多样化方式激发科技人才积极性、创造性，人才激励形式由"重资金"向"促活力"转变。鼓励科技人员以智力和技术要素参与创新收益分配，通过兼职兼薪、股权分红激励、基金跟投等形式，引导广大科技人才投身创新创业，充分释放人才创新热情与创业活力。三是多措并举，吸引各类人才集聚。继续围绕"四条主线"，加大中科系、高校系、央企系和国际系高端研发机构引进，集聚高端创新人才；借鉴近期武汉、南京、杭州、西安等城市人才新政，出台招才引智政策措施，强化人才就业、落户、居住等方面的政策支持，吸引高质量人力资本来青创新创业。

（三）聚焦创新投入保障，强化技术创新支持

一是构建财政科技投入平稳增长机制。2013年以来，青岛市科技公共财政支出占公共财政支出的比重逐年下降，亟须落实《青岛市科技创新促进条例》，切实保障"市、区（市）财政的科学技术经费的增长幅度，应当高于本级财政经常性收入的增长幅度"。二是创新财政科技投入方式。在增加财政科技投入的同时，更需探索创新科技投入方式，以创业投资引导基金、跟进投资、风险补偿、贷款贴息、企业技术创新后补助等多种形式投入，加强财政科技投入与银行信贷、创业投资资金、企业研发资金及其他社会资金的结合，引导全社会增加科技投入，增强财政科技投入的引导作用和放大效应。三是引导企业加大技术创新投入。加大普惠性财税政策支持力度，全面落实高新技术企业税收优惠、企业研发费用加计扣除和

固定资产加速折旧政策,引导企业不断加大技术研发投入;优化企业申报高新技术企业和各级科技计划项目服务,让技术创新成为企业快速发展的驱动力。

参考文献

[1] 吴达,高文,张弛. 天津市创新水平评价研究与分析——基于《2014 中国创新城市评价报告》的统计分析 [J]. 天津城建大学学报,2015,42(11):42-46.

[2] 中国创新城市评价课题组. 2016—2017 中国创新城市评价报告 [R]. 2017.

[3] 中国创新城市评价课题组. 2015 中国创新城市评价报告 [R]. 2016.

[4] 中国创新城市评价课题组. 2014 中国创新城市评价报告 [R]. 2015.

本文作者:王志玲　燕光谱　吴　宁　周文鹏　蓝　洁

本文发表于《科技和产业》2019 年第 19 卷第 7 期

创新创业与服务

美国"硅巷"发展模式概况及启示

"硅巷（Silicon Alley）"通常是指聚集在从曼哈顿下城区到特里贝卡区等地的移动信息技术的企业群所组成的虚拟园区，没有固定的边界，并不是传统意义上的科技园区。美国人将硅谷称为"西岸模式"，而将硅巷称为"东岸模式"。"东岸模式"的业务大多集中在互联网应用技术、社交网络、智能手机及移动应用软件上，创业者们注重把技术与时尚、传媒、商业、服务业结合在一起，开掘出互联网新增长点，而传统的"西岸模式"更关注芯片的容量和运转速度。

一、"硅巷"的发展模式及特点

和硅谷的郊区科技园不同，纽约的科创产业在中心城区聚集——以中城南区的熨斗区、切尔西地区、SOHO区和联合广场为起点，逐渐向曼哈顿下城和布鲁克林蔓延（图1、图2），这个无边界的科技产业聚集区被称为"硅巷"。

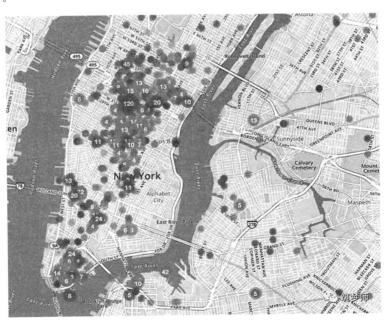

图1 纽约初创公司地图

（一）传统产业依托科技带来新兴产业的广阔发展前景

在信息技术发展中，第一批崛起的是纯粹的 IT 公司，如早期生产电脑的苹果公司和生产网络设备的思科公司。紧接着互联网和信息技术开始向其他产业渗透。行业之间的界限越来越模糊，科技不再是少数人的游戏——除了工程师以外，厨师、作家、时尚达人都在成为科技产业的一分子。他们对芯片、半导体并没有多大兴趣，而更喜欢运用互联网技术来为商业、时尚、传媒及公共服务等领域提供解决方案——把技术与传统行业结合，用技术改革传统行业并建立细分市场，这种特征被称为"东岸模式"。

（二）密集产业为科技企业的孵化提供了巨大的产业苗床

科技产业已经从制造电脑、互联网的基础框架，向制造消费品过渡。用科技解决生活中的问题，用科技使生活变得更有趣，不仅依靠技术取胜，更需要服务理念的创新和资源整合意识。例如在纽约，为了给数量庞大的上班

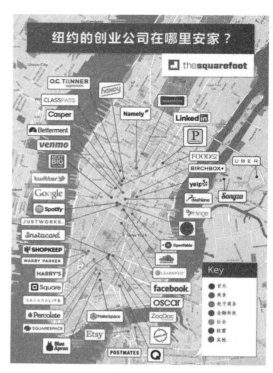

图 2　纽约典型科创企业分布图及其类型

族解决餐饮问题，诞生了净菜（Ready to Cook）电商"蓝围裙"（Blue Apron），目前市值约 19 亿美元。

（三）城市政府在一系列软硬件政策上给予了积极的支持与响应

一是减税计划。在 20 世纪 90 年代，硅巷刚开始建立时，针对纽约市税收偏高的问题，市政当局制订了以下优惠政策：房地产税特别减征 5 年计划、免除商业房租税、曼哈顿优惠能源计划。

二是公私合营。1997 年市政府与纽约商业区联盟和楼房业主们结成了公私合作伙伴，吸引世界各地新的信息技术公司落户硅巷。

三是改善设施。推行管线改造计划，通过对曼哈顿 34 大街和布鲁克林商业区的地下 175 英里（约合 282 千米）长的旧管道的利用，安装光纤线路，进行高速数据传送。

（四）通过市场运作营造创新与服务的良好环境

一是大量的创新人才。调查显示，85% 的高新技术企业在选择落户地点时，首要考虑的是该地区人才的多寡，"硅巷"拥有大批的作家、导演、编辑、设计师和艺术家等，这些创新型人才是新媒体发展过程中备受青睐的群体。

二是丰富的资金来源。纽约是国际金融之都，拥有完善的资金链和丰富的顾客群，易于取得资金。同时，战略合作伙伴的选择余地大，哥伦比亚大学、纽约大学等著名学府和最好的设计学校能够不断地输送新生力量。

三是创新的生态系统。纽约拥有科技大会和 299 个科技产业组织，涵盖金融、时尚、媒体、出版、广告等各类产业，建立起了产业互助系统，形成了良性的科技圈生态环境，给新公司一个良好的发展空间。

二、国内主要城市开始推进"硅巷"建设

硅巷经济发展模式正在全球逐步扩张，国内各大城市正在打造具有自身地域特色的"硅巷"空间。

（一）上海、杭州等地率先推行"硅巷"模式

2016年，上海虹口区成为国内先驱者。2017年，西安莲湖区倍格硅巷开业，打造独角兽城区。杭州西湖区白沙泉村依托"泉、茶、山、洞"的人文遗迹，把城中村转变为具有历史风情的金融街区。2018年12月，南京市首次将"硅巷"建设引入到南京市高新园区建设中，相继开始建设秦淮硅巷、鼓楼硅巷和玄武硅巷。2019年1月2日南京市发布的市委一号文件《关于深化创新名城建设提升创新首位度的若干政策措施》中提出发展"硅巷"经济，打造城市"硅巷"将成为南京创新经济发展的新引擎。

（二）国内城市对"硅巷"模式的共识

一个城市对各类园区、孵化器的容纳量是有限的，无序开发的结果无非就是滞销和空置，造成大量的土地和资源浪费。这些率先进行"硅巷"模式创新的城市，都有一个共识："创新不仅在园区、更在城市社区"，立足各自区域历史文化禀赋及特色创新生态，在不额外增加物理空间的前提下，提档升级传统老旧低效载体，让老城区建设与产业发展互促共进。

（三）"硅巷"建设的具体做法

各城市在"硅巷"建设上普遍提出要加强完善硬件和配套设施、产业孵化机制和创业辅导制度，打造真正支撑产业优化升级的众创空间载体。其次，应完善投融资平台及资金奖励机制，联合政府资金及社会资本，以及创新创业企业及龙头企业的专项措施，"双轮驱动"推进产业发展。此外，还应建立人才资源体系，打造校地融合的创新平台，通过资金奖补、定向赔损、人才服务等政策，提升人才引进力度。同时，通过生活服务设施等的城市功能配套，以及开发交流水平的提升，引进国际组织、跨国公司总部和功能性机构。

三、青岛市"硅巷"建设的几点建议

"硅巷"一般处于中心城区，通过一些现有的写字楼、旧厂房改造、棚户区改造释放出来的空间，嵌入式地在大街小巷容纳创新创业者，打造无边界的园区。

（一）青岛市"硅巷"建设的理想区域

青岛市市南区有着高度多元化的各类产业形态，面朝大海、环境优美、交通便利、工作生活功能健全完善，构成了创新创业理想生态基础。市北区的中央商务区，拥有商务核心区达1平方千米、50栋总建筑面积达500万平方米商务楼宇、总部聚集、税收过亿元楼宇达7个的商业商务核心区域，已成为市北区最具活力的经济功能区。崂山区金家岭金融中心区依托天泰金融中心、青岛环球金融中心，已形成高端购物商业中心及金融配套酒店公寓等多元业态于一体的金融服务综合体，是未来青岛市乃至环渤海城市群全新的金融商务地标。青岛西海岸经济新区中央商务区，囊括的东方影都、灵山湾文化产业区，凸显了旅游、高端商务、国际文化影视产业特色。这些区域都具备"硅巷"建设基础。

（二）"硅巷"建设要秉持生态化运营理念

"硅巷"的建设可以通过对既有建筑的改造装修，丰富场景形态，升级空间需求，打造的工作空间被电影院、酒店、餐厅、咖啡厅、健身房等所环绕，成为融文化产业、自由贸易、旅居公寓、创意办公、时尚展演、文创与技艺、定制商业及平台于一体的绿色创业生态综合体，能满足创业人员生活一切所需。

（三）建立多元化、市场化投融资机制

在"硅巷"建设的起步阶段，政府可以出一部分引导资金，并完善投融资机制，以市场化和多元化的投融资机制引导社会资本进入。还可以通过风投基金以及政府的专项补贴等激励措施，推进"硅巷"建设的良性发展。

（四）建立"硅巷"科技协同创新平台

建立"硅巷"科技创新平台，促进创新创业产业价值链的纵向和横向延伸，借助空间形态创新资源重构增强城市活力和竞争力，实现"硅巷"影响效应的立体扩散。通过政府出资或者政府参与投资并给予优惠等政策，构建以开放与共享为核心的资源共享服务平台、融资服务平台、人才服务平台、情报信息共享平台、科技成果转化信息服务平台以及公共政策服务平台。

参考文献

[1] 林奇，张壬癸．借鉴美国"硅巷"模式打造深圳东部高新区［J］．宏观经济管理，2017（S1）：350-351．

[2] 李文增．美国硅巷科技发展对构建滨海国家自主创新示范区的启示［J］．城市，2015（3）：43-46．

[3] 赵程程，秦佳文．美国创新生态系统发展特征及启示［J］．世界地理研究，2017，26（2）：33-43．

编　写：吴　宁
审　稿：谭思明　蓝　洁

青岛市产业技术创新战略联盟创新绩效现状分析与对策建议

在我国经济向高质量发展的进程中,科技创新成为推动产业技术进步和提升国家竞争力最重要的理念。提高科技创新整体水平必须充分整合社会现有创新资源,发挥其最大效益。产业联盟就是新形势下探索合作创新实践的产物。2008年,科技部等部委开始尝试支持产学研单位联手建立产业技术创新战略联盟,2010年设立专项资金并启动了首批试点工作。

2018年年底,在青岛市现有的82家产业联盟中随机抽取30家进行调查,采集了2015—2018年运行情况数据,对联盟的创新绩效现状进行分析评价,总结存在的问题并提出相应对策。

一、产业联盟发展概况

2010年,青岛市获批全国首个国家技术创新工程试点城市,先后分七批认定了82家产业联盟,涉及新能源、新材料、海洋、生物医药、农业、家电、橡胶化工、机械制造、纺织、工业设计等领域,联盟涵盖的企业、科研机构、高校总数达到1 029家。从对30家联盟的抽样调查情况来看,联盟运行呈现以下特点:

(1)成员构成符合联盟发展基本要求。本次调查的30家产业联盟共有成员单位452家,其中企业占72.3%;科研机构13.2%;高校12.8%;学会协会1.5%。从其构成来看,基本形成了以企业为主牵头,高校、科研机构参与,行业协会支持的发展格局。

(2)运行管理制度比较健全。各联盟管理制度较为健全,70%的联盟建有日常工作规则,以及项目、经费、知识产权等各项规章制度。所有联盟基本上都设有理事会和专家委员会,半数以上的联盟每年能够召开1~2次管理工作会议。

(3)日常运行管理经费保障到位。本次调查的30家联盟中,有25家联盟设有日常运行管理经费,平均年运行经费约为35万元。多数联盟由牵头单位提供,少数联盟收取会员费或由成员单位分摊。

二、产业联盟创新绩效现状分析

（一）研发投入持续稳定

本次调查的联盟中，有83%的联盟开展了联合研发投入，且资金保持相对稳定。另外，大约有35%的联盟能够通过项目的形式得到政府研发经费资助。但是研发投入在2017年出现下降拐点，无论是联盟联合研发投入，还是政府财政投入，均由前三年的上升态势转为下降趋势（表1）。

表 1   研发投入情况统计

项 目	2015	2016	2017	2018
联盟合作研发投入/万元	71 744.07（25家）	76 860.77（28家）	80 920.6（26家）	60 229.66（25家）
政府财政投入/万元	65 977.7（14家）	9 834.45（10家）	10 239.43（10家）	7 266（8家）

注：表内"（××家）"是指统计结果来源的联盟数量，下表同。

（二）自主合作创新活跃度高

联盟自主合作创新非常活跃，组织开展的创新项目以联盟合作项目为主、政府计划项目为辅，且合作项目呈稳定上升趋势。但在自主合作项目急剧增长的同时，承担的政府类项目数量却在减少（表2）。

表 2   研发项目统计表

项 目	2015	2016	2017	2018
联盟合作创新项目/项	596（22家）	624（23家）	634（23家）	1 505（18家）
政府科技计划项目/项	519（15家）	520（10家）	535（12家）	421（9家）

（三）科技产出成效明显

联盟科技产出成效明显，联盟合作项目申请发明专利累计达1 914项，授权发明专利1 241项，取得核心技术成果249项，形成国际、国家、行业和联盟等技术标准累计142项。联盟企业与联盟领域相关的主营业务收入利润总额达56.8亿元（表3）。

表 3   科技产出统计表

项 目 ＼ 年 度	2015	2016	2017	2018
申请发明专利/件	473（21家）	539（23家）	474（22家）	428（15家）
授权发明专利/件	299（12家）	311（13家）	387（18家）	244（13家）
合作项目核心技术成果/项	32（13家）	74（19家）	97（18家）	46（14家）
联盟制定国际标准/项	—	—	1（1家）	1（1家）
联盟制定国家标准/项	12（5家）	15（6家）	7（5家）	10（4家）
联盟制定行业技术标准/项	14（6家）	20（10家）	21（11家）	8（4家）
联盟研制联盟技术标准/项	5（3家）	10（6家）	11（6家）	7（4家）

（四）构建利益保障机制，实现知识产权共享

在抽样调查的30家联盟中，有21家联盟在日常运行中有知识产权共享行为，知识产权共享数量达440项。这些联盟都建立了一定的知识产权利益保障机制，能够为保证联盟各方主体正常的合作，解决彼此之间的矛盾提供制度保障。

（五）利用多种方式实施人才培养

约65%的联盟能够通过培养行业研究生等高级人才和组织科研人员到企业兼职等方式,为联盟及产业领域培养有关技术人才,人才培养数量和企业兼职数量相对稳定(表4)。

表4 人才培养统计

活动	2015年	2016年	2017年	2018年
为行业培养研究生等高级人才/人	273(17家)	393(21家)	450(21家)	422(20家)
组织科研人员到企业兼职/人	111(14家)	141(19家)	151(20家)	151(19家)

（六）服务带动产业发展形式多样化

60%以上的联盟能够召开学术会议或论坛、提供展览服务等活动,28%的联盟能够开展对外推广标准工作。但联盟组织开展对外技术转移数量偏少,技术转移收入额不稳定(表5)。

表5 服务产业情况统计

活动	2015年	2016年	2017年	2018年
提供展览服务/次	392(13家)	404(15家)	411(16家)	397(13家)
召开学术会议或论坛/次	39(20家)	55(24家)	59(25家)	32(18家)
联盟组织对外技术转移数量/项	4(3家)	14(7家)	12(7家)	17(6家)
联盟对外技术转移收入额/万元	52.2(3家)	695.9(5家)	2 066.87(8家)	1 081.4(4家)
联盟组织对外推广标准/项	15(7家)	23(9家)	13(9家)	16(8家)

三、影响和制约联盟创新的主要问题

一是政府项目扶持重心偏离。约有73%的联盟反映政府按照单个课题的方式进行立项审批,而联盟实际需求的是根据产业规划和产业技术路线图设计的项目群,政府扶持重心与联盟实际需求发生偏离,导致联盟各单位只能分头申报,项目的整体性被打破。

二是联盟发展目标不明确。调查中仅有25%的联盟制定了产业技术发展路线图,33%的联盟制定了产业技术发展规划。大多数产业创新联盟虽然制定了总体目标与宗旨,但具体发展目标、技术路线图不够细致明确,联盟成员之间的深层次合作少,合作过程中机会主义行为多,缺乏长远发展规划及愿景目标。

三是技术转移转化率低。调查结果显示,组织开展对外技术转移的联盟占比仅为19%,2015—2018年技术转移数量共计47项,技术转移转化率偏低。联盟成员单位之间因技术、资源、文化方面的差异甚至冲突造成合作创新力度还不够大,未能真正构筑起统一协调和集成共享优势科技资源的创新协作平台。

四是充分信任关系难以建立。产业链中的合作对象多,联盟成员中高校、科研院所、企业的着眼点不同,有些技术难以整合在一起。同时,为了自身的发展相互间不愿透露自己的核心技术,彼此难以建立高水平的信任关系,造成技术交流的困难。

五是社会认知度不高。联盟既非法人组织,也不是社会团体或协会。联盟邀请政府相关部门参加会议,多数情况下不被重视,还不如一个协会的影响力,导致本领域的一些重要信息不能够互通有无。

四、对策建议

（1）给予联盟协同创新类项目支持。建议政府主管部门在科技计划中设立与联盟直接相关的创新联盟建设专项等项目,以全产业链项目开展链式研发,使各种科技资源围绕产业链高效配置;对于联盟发展中资金不足的超前项目和技术壁垒项目,政府应出面予以协调,提出指导性解决意见,发挥产业联盟在重大项目中的组织作用。

(2)优化联盟合作创新机制。政府相关部门应针对目前联盟运行机制问题,引导并探索出更好的运行管理机制及合作共享模式,建立持续稳定的合作关系;监督联盟成员合作创新行为,提升创新效率和应对变化的能力;对有价值的联盟进行再改造,科学布局引导联盟转型升级,促进联盟的进一步发展。

(3)建立联盟信任机制。建立联盟科技资源共建共享公共技术平台,为合作伙伴之间的沟通交流建立桥梁;明确联盟合作研发知识产权归属,保障成员间的信任;对合作项目的资金使用情况、进展情况进行全程监督,最大程度保障各方利益,进一步加深联盟成员间的信任。

(4)明确联盟目标定位。在联盟组建时,应根据国际、国内产业发展趋势和青岛市现有基础,制定出目标明确、路线清晰、具有可操作性的产业技术创新需求计划,为联盟的规范及健康发展奠定基础。

(5)归口管理,赋予联盟实体地位。建议将联盟按行业划分给相应主管部门管理,改变目前师出无名、被社会忽视的境况;鼓励联盟实体化或在民政局注册,使其具有一定的独立性,在公正、公平、公开、共赢上做得更好。

参考文献

[1] 薛凤平. 青岛市产业技术创新联盟的现状、问题与发展对策研究[J]. 青岛职业技术学院学报,2015(1):7-11.

[2] 薛凤平. 产业技术创新联盟特征、功能与构建路径[J]. 中共青岛市委党校青岛行政学院学报,2014(1):46-49.

编　写:肖　强
审　稿:谭思明　王春莉

加快青岛市科技创新人才发展能力提升的对策建议

一、青岛市人才数量增长迅速,政策支撑有力,发展环境不断优化

(一)人才数量质量得到新提升

一是各类人才加快集聚。2018 年,青岛市人才总量达到 193 万人,新增人才 21.9 万人,新增聘任院士 4 人,新增国家级、省级、市级各类人才工程人选 453 人,高层次人才数量出现较快增长。2018 年驻青高校毕业生人数达到 10.6 万人,再创历史新高,基础支撑人才规模不断壮大。二是创业创新领军人才快速发展。2018 年,继续实施创业创新领军人才计划,前四批创业创新领军人才计划累计支持 209 人,分别获得 100 万元创业创新研发补助和 30 万元安家补贴。"创业创新领军人才计划"以新旧动能转换重大工程确定的高技术产业为重点,突出产业化导向,支持更多科技人才创业创新。

(二)人才政策措施取得新突破

2018 年,配合新旧动能转换重大工程实施,制定出台《关于实施人才支撑新旧动能转换五大工程的意见》,这项被誉为青岛市有史以来含金量最高、创新突破力度最大的人才新政,提出实施百万人才集聚、创新创业激励、未来之星培养、全民招才引智、安居乐业保障等五大人才工程,涵盖了引才、育才、助才、成才、留才等各个方面,确定了五年集聚 100 万人才的目标,其中的未来之星培养工程提出全国首创面向高校在校生的"金种子"计划,上述政策的实施将为实现人才驱动城市发展奠定坚实的基础。

(三)人才发展平台释放新能量

一是建设创新创业平台。为加大院士等顶尖人才的引进,青岛市加快建设国际院士港、院士智谷、博士创业园、高层次人才创业中心、留学人员创业园等创新创业平台。二是加强创业孵化服务。2018 年青岛市经各级认定的孵化器、众创空间、星创天地、国家专业化众创空间已经超过 344 家,居副省级城市首位,构建完备的创业孵化体系。

(四)创业创新生态增添新活力

一是推进人才服务体系建设。整合人才管理服务职能,加强人才服务中心建设。推进"智慧人才"系统建设,构建"互联网 + 人才"服务体系。完善"人才服务标准化试点"体系,覆盖青岛市人才服务工作领域。二是提供人才安居生活保障。设立高层次人才服务窗口,构建了青岛市"三级"协调联动的高层次人才专窗体系。发放"服务绿卡",加强与高层次人才面对面交流,积极为各类人才办理子女入学、医疗社保等事项。

二、青岛市科技创新人才发展存在的问题

（一）薪酬较低，高新技术产业对人才的吸引力不足

2017年驻青高校应届毕业生人数首次突破10万人。青岛市接收高校毕业生77 232人，其中驻青高校毕业生42 318人，即青岛市高校毕业生有超过50%离青。

2017年全国39所985高校毕业生就业排前十的省份如图1所示，其中广东、北京、上海排在前三位，山东排在第七位，有8 987名毕业生选择在山东省就业。山东有两所985高校，即山东大学与中国海洋大学。2017年，山东大学共有毕业生11 340人，山东省是毕业生签约就业人数最多的省份，有3 541人。中国海洋大学共有毕业生6 142名，选择在山东省就业的毕业生比例最高，有3 540人选择在山东省就业。两校合计有7 081人选择在山东省就业，山东2017年吸引外省985高校毕业生仅为1 906人，由此推断，青岛市接收外省985高校毕业生数量相对较少。

单位：人

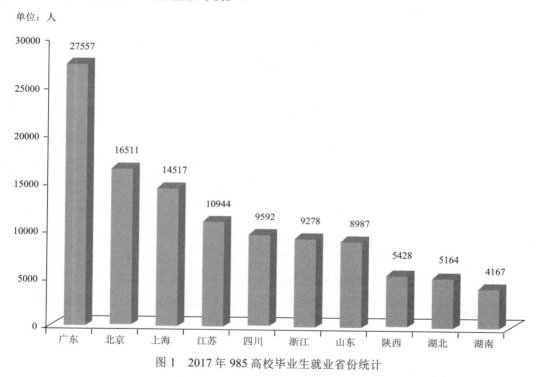

图1　2017年985高校毕业生就业省份统计

（数据来源：985各高校2017年就业质量报告，部分高校未公布就业省份）

本地培养的高校毕业生留不住，同时优秀的毕业生引不进来。究其原因，一是青岛市收入水平不高，2017年青岛市从业人员年平均工资为6.3万元，与济南（7.02万元）、武汉（6.8万元）、杭州（6.7万元）、成都（6.5万元）、广州（9.86万元）等相比有一定的差距；二是高新技术产业对人才的吸引力不足，青岛市应届毕业生就业人数较多的行业是制造业、居民服务业及批发零售业，均属于传统行业，电子信息、生物医药等新兴行业吸纳毕业生数量较少。

（二）青岛市普通高等院校数量偏少，专业设置不符合产业发展需求

青岛市普通高等院校数量为25所，与济南（42所）相比有一定的差距，与成都（56所）、武汉（84所）等高校密集的城市相比差距更大。

青岛市高校的专业设置仍主要是传统学科，如橡胶化工、石油矿产、建筑等，有些高校即使已经开设

数据科学、智能科学、新材料等专业,但仍处于起步阶段,远未形成学科优势,与产业发展需求不相适应,青岛市在大数据、物联网、人工智能等专业方面人才供需矛盾突出。

(三)人才唯"帽子"论,影响了创新创业人才的引进、培养

在近期的调研过程中,企业普遍反映:青岛市现有的人才政策对"两院院士""长江学者"等"帽子"尤为重视,优先给予高额的经费支持和优厚的生活待遇,而对具备创新创业能力的"无帽子"人才,缺乏政策支持,影响了对"无帽子"人才的引进、培养。

(四)人才引得进但留不住,教育、医疗等人才配套服务措施要进一步落实

人才引进来,更关键的还是要留得住,落实子女教育、医疗等各项配套服务措施成为关键。近年来,青岛市采取多项措施提高人才服务水平,如发放"人才绿卡"、建立"互联网 + 人才"服务体系等,但教育、医疗等服务措施仍需要全面落实,以解除人才的后顾之忧,让人才能够"轻装上阵",全力投入到创新创业中。

三、提升青岛市科技创新人才发展能力的对策建议

(一)优化产业结构,靶向产业领域"招才引智"

围绕青岛市"新旧动能转换重大工程"的具体部署,优化产业结构,推动青岛市纺织、橡胶、家电等传统产业数字化、网络化、智能化建设,加快制造业智慧化改造,实现传统产业转型升级,使新一代信息技术、生物医药、高端装备等新兴产业成为推动经济发展的主要动能。聚焦青岛市优先发展的产业领域,如海洋产业、高端装备制造产业、新材料产业等,吸引各类人才来青创新创业。在组织实施引进高层次人才团队、创业创新领军人才、青年创新人才等人才计划时,向重点产业领域适当倾斜。

(二)加大教育投入,根据产业需求调整专业设置

围绕青岛市创新发展的需求,持续推进高校与研发机构引进建设工作,并对中国海洋大学、青岛大学等驻青高校加大支持力度,"筑巢引凤",聚集各类人才。

根据产业需求,特别是产业发展的短板,调整高校的专业设置,并且鼓励青岛市高校与企业开展联合定向培养,重点是信息技术、人工智能、大数据、物联网等专业人才。此外,青岛市高新技术产业的发展,迫切需要一支拥有现代科技知识、精湛技艺技能和较强创新能力的高素质技能人才队伍,因此,通过校企联合、企业技工学校或者企业培训平台等方式引进培养技工、工匠等技能人才,让"青岛制造"逐步走向"青岛创造""青岛智造"。

(三)为人才提供精准服务,优化人才发展环境

一是推进孵化器、众创空间等新型创业服务平台建设,引导和支持社会机构提供创新创业服务。围绕新旧动能转换重大工程的实施,鼓励产业联盟、企业等社会力量,构建完整的创业孵化体系。建立健全技术转移、管理咨询、知识产权代理、资产评估、科技信用担保、成果推广等专业服务机构,构建以创业服务、中介服务、政策法规、生活保障为主的创新创业服务体系。二是为各类人才提供个性化精准服务。推进"智慧人才"二期建设,强化人才信息库大数据应用,升级"互联网 + 人才"服务体系,探索精准人才服务途径,提供知识产权、住房保障、医疗健康、家属就业、子女就学等服务。三是采取多样化激励手段促使科技人才创造性迸发。鼓励科技人才以智力和技术要素参与创新收益分配,通过兼职兼薪、股权分红激励等形式,引导科技人才积极投身创新创业,增加科技成果产出,充分释放人才创新热情。

(四)加大政策突破力度,打造人才政策品牌

一是加大政策突破力度,抢占"招才引智"制高点。借鉴上海"量身定制、一人一策"、北京"以才荐

才"、深圳"大学生落户秒批"、江苏"支持领衔科学家自主科研"等政策,设计青岛市更具有突破性的人才政策,比如,高端人才的"一人一策"、人才服务"按需定制"、对"无帽子"的创新人才设计相应的优惠政策、领军人才"自荐"组建团队等。二是打造有广泛影响力的"人才政策品牌"。2018年青岛市发布《关于实施人才支撑新旧动能转换五大工程的意见》,被称为含金量最高、突破力度最大的人才政策,但政策名称不易记忆,难以形成人才政策"品牌效应"。因此,青岛市应打造类似"英才211计划"的人才政策品牌,名称简明易记,并且围绕新旧动能转换等新形势、新需求的变化,对政策内容进行细化。加大对人才政策的宣传力度,开展人才政策进企业、进园区、进高校等活动,扩大青岛市人才政策品牌在国内的知晓度和影响力,形成引进人才、留住人才的政策支撑。

参考文献

[1] 沈春光,陈万明,裴玲玲. 区域科技人才创新能力评价指标体系与方法研究[J]. 科学学与科学技术管理,2010,31(2):196-199.

[2] 郭跃进,朱平利. 我国区域科技人才竞争力评价研究[J]. 科技进步与对策,2014,31(8):130-134.

[3] 盛楠,孟凡祥,姜滨,等. 创新驱动战略下科技人才评价体系建设研究[J]. 科研管理,2016,37(S1):602-606.

编　写:周文鹏
审　稿:谭思明　蓝　洁

关于推动小企业参与军民融合创新发展的建议

——美国海军实施 SBIR/STTR 计划的经验借鉴

军民融合是国家战略,关乎国家安全和发展全局。建设国家军民融合创新示范区,是习近平总书记亲自赋予青岛的国之重任。推动小企业参与军民融合创新发展,对青岛市加快建设军民融合深度发展"试验田"、增强军民两用科技成果转化、有效激发小企业创新创业活力具有重要的意义。然而,当前青岛市军民融合发展刚进入由初步融合向深度融合推进的过渡阶段,军民融合度较低,小企业参与的范围有限、领域较窄、层次不高,其推动国防科技创新的能力未能得到有效发挥。

美国海军作为军方参与小企业创新研究计划(Small Business Innovation Research Program,简称 SBIR)和小企业技术转移计划(Small Business Technology Transfer Program,简称 STTR),致力于将来自小企业的创新力量注入国防科技创新体系,以获取海军所需的新技术、新装备和新服务,走出了一条军民互惠互利融合发展的成功道路。对标美国海军 SBIR/STTR 计划,学习借鉴其精髓,可为青岛市扶持小企业发展、最大限度吸纳民企参军、推动军民融合协同创新开拓新的路径。

一、美国海军 SBIR/STTR 计划充分调动小企业创新资源参与国防基础研究与前沿技术创新科研任务

美国海军 SBIR/STTR 计划是美国扶持境内小企业创新,以及推动研究机构科研成果与小企业产品创新能力合作实现创新成果产业化的两项国家计划,自实施以来,历经数届政府更替并获得国会的多次延期增额批准,持续取得显著成效。

美国海军 SBIR/STTR 计划是由海军及其系统司令部未来需求牵引的以任务为导向的计划,主管部门是专门成立的海军小企业计划办公室(OSBP),对应开展的科研内容集中在前沿技术领域,致力于将来自外部的创新力量注入国防科技创新体系,以获取海军所需的新技术、新装备和新服务,促进国防基础研究及研发成果的商业化,使美国海军持续保持技术领先优势。

(一)美国海军 SBIR/STTR 计划经费具有法律保障

美国国会通过《小企业创新发展法》规定年度研发经费超过 10 亿美元的联邦政府部门每年必须拿出一定比例支持小企业创新研究和技术转移活动。为加快引入新技术并生成战斗力,美国海军每年投入 2 亿～4 亿美元的研发经费参与 SBIR/STTR 计划(图 1)。

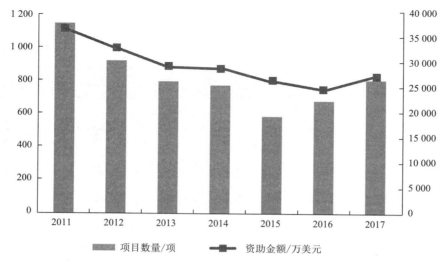

图1　美国海军 SBIR/STTR 计划项目数量与资助金额年度变化趋势

2011 年,受奥巴马政府预算控制法案影响,国防研究经费支出预算紧缩,为了集中有限的资源实现海军最重要的研究目标,项目资助数量逐年下滑,但年度项目平均资助强度(约 35 万美元/项)变化不大。为推进以第三次抵消战略为内涵的国防创新计划,加强同中俄的战略竞争,美国军方通过额外追加、调配等方式缓解资金压力,同时,根据美国国会议案要求,美国防部 SBIR/STTR 计划的研发资金占其外部研发预算的比例逐年递增,因此,海军资助的项目数量及资助经费的下降趋势有所缓解,呈现小幅增长。

(二)美国海军 SBIR/STTR 计划的资助对象为美国境内最具创新活力的小企业

SBIR/STTR 计划作为美国海军资助国防科技创新研究的重要途径之一,其资助对象定位于美国境内最具创新活力的科技型小企业:必须是美国公民拥有的、独立的企业;必须是以营利为目的的企业;首席研究员必须是申请企业的员工;申请企业的员工人数不得超过 500 人。

对美国海军 2011 年以来资助的 SBIR/STTR 计划项目承担企业(相关详细数据见附件)进行统计发现,海军 SBIR/STTR 计划资助的 5 955 项研究项目共由 1 507 家企业承担,其中,每年的项目承担企业大约有 25% 为首次参与海军 SBIR/STTR 计划的小企业,可以看出 SBIR/STTR 计划资助的影响范围广泛,为小企业创新活动提供了有力的支持。在企业规模上,资助金额排名前 25 位的企业规模普遍比较小,绝大多数的员工人数在 51～200 人之间,超过 200 人的企业只有 3 家,另外还有 6 家企业的员工人数不超过 50 人。

(三)SBIR/STTR 计划实行分阶段资助,持续推动企业技术创新与研发成果的产业化

美国海军 SBIR/STTR 计划的运作分三个阶段:阶段Ⅰ是技术可行性研究阶段,项目周期为 6～12 个月,单项资助约 15 万美元;阶段Ⅱ是原型开发阶段,项目周期约 2 年,单项资助约 100 万美元;阶段Ⅲ是商业化阶段,按照法律规定,此阶段不能使用 SBIR/STTR 经费,而必须使用政府其他经费或民间经费。因此,事实上,SBIR/STTR 的管理主要涉及阶段Ⅰ、Ⅱ。其中,阶段Ⅱ项目为阶段Ⅰ项目的延伸,只有圆满完成第Ⅰ阶段技术可行性论证工作并通过验收的项目才具备参与竞争第Ⅱ阶段技术拓展阶段资助的资格。

为避免小企业重复申请Ⅰ阶段可行性研究的资助,推动获得资助的项目进入原型开发Ⅱ和商业化Ⅲ阶段,小企业管理局设立了Ⅰ-Ⅱ阶段项目过渡率基准和商业化率基准,每年对小企业进行考核,对于不能满足考核标准的企业,禁止其在未来一年申请第Ⅰ阶段项目。美国海军 SBIR/STTR 项目资助金额排名前 25 位的企业创办时间均已超过 10 年,50% 以上的企业已超过 30 年,企业发展稳定,Ⅰ-Ⅱ阶段项目过渡率均超过规定的基准率 25%,从侧面反映了这些企业的创新动力十足,项目创新成果推进进程成效显著。

（四）海军 STTR 计划重视推动小企业与科研院所开展合作

为加强小企业与科研院所间的合作，充分发挥小企业与科研院所各自的优势，推动科技成果转化，STTR 计划要求申请项目的小企业必须要与研究机构达成合作研发计划并签订知识产权分配协议，而涉海专业院所所在州的小企业拥有开展海洋研究的天然地理优势，也更易于与科研院所建立合作关系。在空间地理分布上，受到海军 SBIR/STTR 计划资助的企业主要集中分布于美国东、西以及南部海岸，以东海岸居多，尤其是东北部地区涉海专业院所数量密集的区域。排名前 25 位的企业中，16 家分布在东海岸，包括伍兹霍尔海洋研究所所在的马萨诸塞州、弗吉尼亚州、宾夕法尼亚州、马里兰州、新罕布什尔州、纽约州等；5 家位于西海岸斯克利普斯海洋研究所所在的加利福尼亚州；3 家位于南海岸的得克萨斯州。

（五）敏锐把握颠覆性前沿技术，超前开展战略布局，增材制造和机器学习成为美国海军近期资助的新兴研究热点

美国海军资助 SBIR/STTR 计划项目主要集中在 4 个方向，一是主要通过利用材料技术提高作战系统及水下平台耐磨损、抗腐蚀/污垢能力，并期望采用材料技术实现系统及部件的隐身能力；二是基于先进的传感器及信息技术增强复杂环境下的声、光、电磁的探测能力，确保对环境的感知认知优势；三是采用绿色能源技术和新型的电力技术提升能源供给和管理的安全性、可靠性、灵活性及便携性；四是采用仿真等技术进行战术决策辅助和人员学习训练。

基于项目关键词等题录信息的年度变化情况进行分析，增材制造和机器学习两个主题在最近几年内资助金额增长最为迅猛，是美国海军近期资助的新兴热点，反映了美国海军 SBIR/STTR 项目研究将向增材制造和机器学习两大方向深入，这与美国海军 2018 年发布的《保持海上优势的规划》（2.0 修订版）提出的重点任务相一致。增材制造主要用于打印零部件和传感器以降低成本并提高效率，机器学习则广泛应用在任务规划、战术决策支持及目标自动识别等多个领域。

二、青岛市小企业参与军民融合发展过程中存在的问题

为贯彻落实习近平总书记强军思想和有关军民融合深度发展的系列重要指示精神，青岛市发起了军民融合发展攻势，充分发挥船舶制造、海工装备、电子信息等产业优势，鼓励民营企业参与国防军工科研生产，涌现出包括中科方舟中程无人侦察机、中航海信特种光模块、哈船科技 1300 型高速快艇、明月海藻藻酸盐医用敷料等一批科技成果。

然而，当前青岛市军民融合发展刚进入由初步融合向深度融合推进的过渡阶段，军民融合度较低，小企业参与的范围有限、领域较窄、层次不高。从企业数量上看，青岛市拥有参与武器装备科研生产相关资质的企业院所仅有百余家，而在 2017 年，西安市的民参军企业就已经达到 400 家，深圳市南山区军民融合备案企业已近 280 家；从涉足领域上看，现阶段小企业的产品主要局限在元器件、零部件等军民通用装备和一般配套产品上，较少涉及总体装配集成、关键分系统等核心军品领域。究其原因在于以下方面。

（一）小企业参军的资金支持力度不足

小企业在创新效率和周期方面优于大型企业，但在军工领域科研生产项目中，军选民用装备的采购模式为"三自一参与"，即企业自筹资金、自主研制、自主开发、军方参与，意味着军方前期投入和科研费很少甚至几乎没有，创新成本及风险明显超出小企业的承受能力。而现有金融资金支持与小企业创新能力并不匹配，导致其创新优势难以发挥。

（二）小企业技术创新脱离军事实际应用

小企业具备技术创新优势，容易取得技术突破，但其技术成熟度相对较低，大量技术成果是碎片化的，距离实际军事应用尚远，军民融合发展中的中低端技术产品供给能力相对过剩、高端供给能力相对不足。

（三）小企业与科研院所的产学研合作不畅

军工体系重大项目招标工作长期青睐于传统渠道而非技术创新，军工集团和科研院所在重大课题项目上长期具有垄断的优势地位，多数都是本系统自成体系、自我保障，小企业与军工科研院所的合作难以建立。

（四）军民之间缺乏信息沟通机制

小企业难以进入国防领域的重要原因之一是缺乏对军民融合需求的有力统筹，青岛市军民之间尚未建立权威、畅通的信息交互机制，军方需求和企业能力没有充分对接，需求导向模糊。反观深圳，为探索建立军方与商业创新前沿、社会创新资源的桥梁，中央军委科技委依托深圳成立国防科技创新快速响应小组，主动发现、快速响应具有应用潜力的商用技术及产品。

三、美国海军 SBIR/STTR 计划实施经验对青岛市推动小企业进入军民融合创新发展的建议

对标美国海军 SBIR/STTR 计划，学习借鉴其精髓，可为青岛市扶持小企业发展、最大限度吸纳民企参军、推动军民融合协同创新开拓新的路径。

（一）加强组织保障，健全信息互通机制

充分发挥青岛市委军民融合发展委员会办公室的作用，统筹协调全市军民融合产业发展推进工作，加强与中央军委装备发展部和工业和信息化部国防科工局等部委的需求沟通与衔接。探索建立军民技术创新快速响应机制，主动捕捉和辨识具有潜在军事应用价值的商业技术及产品，积极开展前沿新兴技术战略布局，将商业领域的先进成果整合到军事领域，架起军方与商业创新前沿、社会创新资源的桥梁，快速应对并解决国防科技发展中面临的难题和挑战，促进国防科技创新发展。

（二）探索设立军民融合小企业创新计划

加大基础研究投入力度，为高风险、高收益的项目提供充足的启动资金，充分调动小企业创新资源参与国防领域热点研究与前沿技术创新科研任务，支持小企业作为项目主要承担单位与国防及涉海科研院所联合申报重大科技项目，快速应对并解决国防科技发展中面临的难题和挑战。借鉴美国 SBIR/STTR 计划的分阶段资助经验，根据前一阶段的资助效果决定后一阶段的资助对象，提高研发成果的转化率及企业获得资助后的创新动力。

（三）促进新技术跨领域融合，催生颠覆性创新

以增材制造、机器学习为代表的高新技术的颠覆性突破与运用将成为未来军民深度融合发展的主攻方向，也是推动海洋领域升级发展的先导力量。站在新军事变革和新一轮科技革命的风口上，应瞄准契合军民融合发展战略及海洋强国战略需求的发展前沿，发挥青岛市特色产业优势，以智能制造、电子信息、新材料、新能源等高新技术创新带动军事、海洋领域创新发展，扶持可能带来革命性影响的新技术与新概念，挖掘并培育新的颠覆性技术增长点，实现科技创新跨越式发展，为建设世界科技强国提供技术支撑。

🌐 参考文献

[1] 马春燕，李洁. 推动小企业创新进入军民融合——美国军方实施 SBIR/STTR 计划的启示 [J]. 开放导报，2018（4）：19-23.

[2] 朱春奎，李燕. 美国小企业创新研究计划的资助策略、申请资格和治理模式 [J]. 科学发展，2016（9）：13-20.

[3] 夏孝瑾．美国"小企业创新研究计划"（SBIR）：经验与启示[J]．科技经济市场，2011（12）：40-42.

[4] 伍琳，陈永法．美国小企业创新药物研发促进计划及对我国的启示[J]．中国医药工业杂志，2017，48（9）：1383-1389.

编　写：厉　娜
审　稿：谭思明　李汉清　刘　瑾

附件 美国海军 2011 年以来 SBIR/STTR 计划项目的重点承担企业列表

序 号	企业名称	项目数 / 项	资助金额 / 万美元	企业规模	I-II 阶段项目转化率	所属州
1	物理光学公司 Physical Optics Corporation	150	4 105.66	201～500 人	0.29	加利福尼亚州
2	Progeny 系统公司 Progeny System Corporation	89	4 078.07	201～500 人	0.44	弗吉尼亚州
3	克雷尔有限责任公司 Creare LLC	104	3 834.82	51～200 人	0.50	新罕布什尔州
4	查尔斯河分析公司 Charles River Analytics, Inc.	110	3 505.58	51～200 人	0.56	马萨诸塞州
5	RDR 技术公司 RDR Tec Inc.	56	2 742.43	11～50 人	1.10	得克萨斯州
6	自适应方法公司 Adaptive Methods, Inc.	50	2 481.37	51～200 人	0.60	弗吉尼亚州
7	3 菲尼克斯公司 3 Phoenix, Inc.	17	2 444.63	51～200 人	0.67	弗吉尼亚州
8	Arete 协会 Arete Associates	60	2 396.33	201～500 人	0.57	加利福尼亚州
9	智能自动化公司 Intelligent Automation, Inc.	82	2 288.55	51～200 人	0.43	马里兰州
10	Aptima 公司 Aptima, Inc.	59	2 038.90	51～200 人	0.80	马萨诸塞州
11	Luna 创新公司 Luna Innovations Incorporated	60	1 710.54	51～200 人	0.37	弗吉尼亚州
12	Triton 系统公司 Triton Systems, Inc.	45	1 693.27	51～200 人	1.08	马萨诸塞州
13	索尔技术公司 Soar Technology, Inc.	47	1 664.77	51～200 人	0.81	密歇根州
14	SA 光子学公司 SA Photonics, Inc.	45	1 650.37	11～50 人	0.53	加利福尼亚州
15	物理科学公司 Physical Sciences, Inc.	51	1 607.35	51～200 人	0.37	马萨诸塞州
16	丹尼尔·H. 瓦格纳协会 Daniel H. Wagner Associates, Incorporated	29	1 587.92	11～50 人	0.64	宾夕法尼亚州
17	主流工程公司 Mainstream Engineering Corporation	48	1 451.27	51～200 人	0.44	佛罗里达州
18	林恩技术公司 Lynntech Inc.	38	1 411.25	51～200 人	0.38	得克萨斯州
19	技术数据分析公司 Technical Data Analysis, Inc.	41	1 372.67	11～50 人	0.81	弗吉尼亚州
20	Toyon 研究公司 Toyon Research Corporation	40	1 353.68	51～200 人	0.75	加利福尼亚州

序　号	企业名称	项目数 / 项	资助金额 / 万美元	企业规模	Ⅰ-Ⅱ阶段 项目转化率	所属州
21	Hypres 公司 Hypres, Inc.	21	1 320.16	11～50 人	1.17	纽约州
22	决定性分析公司 Decisive Analytics Corporation	25	1 264.09	51～200 人	0.89	弗吉尼亚州
23	Lambda 科学公司 Lambda Science, Inc.	23	1 135.68	11～50 人	1.13	宾夕法尼亚州
24	得克萨斯研究所奥斯汀公司 Texas Research Institute, Austin, Inc.	38	1 133.12	51～200 人	0.30	得克萨斯州
25	信息系统实验室公司 Information Systems Laboratories, Inc.	10	1 057.54	51～200 人	2.00	加利福尼亚州

注：Ⅰ-Ⅱ阶段项目转化率＝该企业过去 5 个财政年度获得的Ⅱ阶段项目总数 / 过去 5 个财政年度(不包括最近完成的年度,即过去第 6 个财政年度至过去第 2 个财政年度)获得的Ⅰ阶段项目总数。

广州科技政策创新点及青岛市对策建议

一、广州提出建设科技创新强市新目标

2019年9月，广州出台《广州市建设科技创新强市三年行动计划（2019—2021年）》，提出打通"科学发现、技术发明、产业发展、生态优化"创新发展全链条，支撑高质量发展，共建粤港澳大湾区国际科技创新中心和粤港澳大湾区综合性国家科学中心，加快形成创新发展的新动能和增长极，打造辐射引领型国家重要中心城市。到2021年，在国际科技创新枢纽和初步建成国际科技产业创新中心的基础上，初步建成科技创新强市，原始创新能力大幅提升，科技成果转化顺畅，高精尖企业汇聚，高端高质高新产业体系完备，风投创投活跃，孵化育成体系完善，高端人才集聚，成为在科技创新领域代表我国参与国际竞争的"重要引擎"。

二、广州打造国内领先的科技政策环境

（一）在全国率先制定科技经费使用"负面清单"

2018年，广州出台合作共建新型研发机构经费使用"负面清单"，放宽科技经费使用限制，赋予科技项目负责人更大支配决策权。相对于以往的科技经费"正面"管理，"负面清单"只要"无禁止即可行"，研发机构只要不违反禁止条件，可依实际情况使用财政资金。按照目前有关政策规定，属事业单位的合作共建新型研发机构不能对外投资，而"负面清单"列出禁止投资领域的同时也明确了可投资领域，突破了财政资金使用的限制。合作共建新型研发机构在今后承担市级科技创新发展专项经费（事前资助）时将不再按照经费管理办法使用项目经费，按照"负面清单"支出即可。

（二）深化科技计划项目管理改革

早在2015年，广州就成立了相对独立的科技项目评审中心，负责科技项目的申报受理、立项评审、中期检查、结题验收与绩效评价工作，每年可以完成10 000多个项目的申报和评审。项目申报指南广泛吸纳相关部门、行业以及学术界、产业界、社会公众等各方意见，明确经费目标导向。重视专家评审结果和意见，同时开展"以赛代评""以投代评"等评审方式，对重大原创性、颠覆性、交叉学科创新等项目实行非常规评审机制。

（三）开展高校对地方经济社会发展评估工作

为客观评价高校对地方经济社会发展的支撑作用,广州市科学技术局委托第三方机构独立开展相关评估工作。2018年9月,广州日报数据和数字化研究院发布《在穗主要高校支撑地方经济社会发展评价报告》,主要从在穗主要高校的科研成果转化、产业支撑平台、人才支撑三个方面确定指标体系,并以此衡量高校对广州经济社会发展的支撑能力。青岛市对高校院所的评价还处在内部化、碎片化阶段,未能全面掌握相关机构的创新能力和创新效果,政策激励作用不明显。

（四）加大基础与应用基础研究经费支持力度

广州在市科技创新发展专项中对基础与应用基础研究予以重点倾斜,提出到2021年,市级基础研究经费投入占市级研发经费投入的比重,达到14%。围绕重点产业领域中受制于人、卡脖子的重大关键技术需求,设立重大基础研究计划予以大力支持,力争在部分重点关键核心技术领域取得一批具有重要影响力的重大原创性技术成果。青岛市的基础和应用基础研究还存在重硬件建设、轻研发投入的现象,重大原创成果产出较少。

（五）加大科技成果转移转化奖励

在促进高校院所积极落实国家各项政策的前提下,广州市着力解决科技成果转移转化主体动力不足的问题,并强调服务机构作为成果转化"桥梁"的作用。在全国首次提出科技成果转移转化所获得收益全部用于对科技成果完成人和为科技成果转移转化做出贡献的人员奖励,高校或科研机构留成部分由市科技创新发展专项资金给予补助。同时,对高校院所技术转移机构、中介服务机构、经纪人给予奖励,实行技术合同登记服务奖补制度。

三、青岛市科技政策存在的不足

与广州相比,青岛市科技政策还有以下不足。一是青岛市尚未开展科技经费使用"负面清单"管理。二是青岛市科技计划项目管理专业机构的管理效率、独立性、规范性等方面还存在一定差距,项目评审方式有待进一步改进。三是青岛市对高校院所的创新评价还处在内部化、碎片化阶段,未能全面掌握相关机构的创新能力和创新效果,政策激励作用不明显。四是青岛市基础和应用基础研究还存在重硬件建设、轻研发投入的现象,重大原创成果产出较少。五是在"六补"政策退出后,青岛市的科技成果转移转化奖励力度在同类城市中已不具备政策优势。

四、青岛市对策建议

（一）出台全面支持科技引领城建设的政策方案

青岛市目前实施的科技政策大多是两年前制定的,部分政策支持力度和实施方式已落后于先进城市。科技引领城建设攻势提出要打好资本助力、人才支撑、平台建设、产业培育、科技服务五场攻坚战,但未涉及具体的支持政策。建议市委市政府安排市科技局牵头,会同相关部门,在对标深圳,并充分借鉴广州、杭州等城市先进做法的基础上,出台全面推进科技引领城建设的一揽子政策,打造长江以北创新政策高地。

（二）开展科技经费使用"负面清单"试点工作

制订青岛市财政科技经费"负面清单",选择部分计划项目开展试点工作,赋予试点项目负责人更大支配决策权。纳入"负面清单"管理的计划项目,只要不违反禁止条件,项目负责人可依实际情况使用财政资金。试点项目将不再按照经费管理办法使用项目经费,按照"负面清单"支出即可。

(三)深化科技计划项目管理改革

进一步简政放权,加强科技计划项目专业管理机构能力建设,在保障有效监督的前提下,不断提升专业机构的独立性和管理水平。每年定期发布项目申报指南,竞争性项目申报指南应广泛吸纳各方意见,必要时咨询征求专家意见,有条件的科技计划类别常年征集项目。积极开展"以赛代评""以投代评"等评审方式,积极探索对重大原创性、颠覆性、交叉学科创新等项目的非常规评审机制。

(四)加强基础和应用基础研究

逐步提高市级基础研究经费投入占市级研发经费投入的比重。建立健全多元化投入体系,鼓励、引导企业和其他社会力量参与基础科学研究,多渠道、多方式加大基础科学研究投入。围绕重点产业领域中受制于人、卡脖子的重大关键技术需求,设立重大基础研究计划予以大力支持,力争在关键核心技术领域取得一批重大原创性技术成果。

(五)完善科技成果转移转化后补助政策

加大科技成果转化引导基金和专项经费规模。择优选择一批高校、科研机构开展科技成果转移转化示范机构建设,连续三年每年给予稳定资金支持。试点高校、科研机构可将科技成果转移转化所获得收益全部用于对科技成果完成人和为科技成果转移转化做出贡献的人员奖励,高校或科研机构留成部分由市财政资金给予补助。建立和完善科技经纪人考核评价指标体系,对做出突出贡献的优秀科技经纪人及接收单位给予奖励。

(六)开展在青高校院所支撑全市创新发展评价工作

委托第三方机构独立开展相关研究,构建涵盖毕业生就业、人才引进、专业设置、成果产出、成果转化、科普等全方位的评估指标体系,根据当前全市创新重点工作要求设立不同权重,得出总体排行榜和各子项排行榜。定期发布研究报告,引导在青高校院所围绕青岛市产业、社会等发展需要,优化创新资源配置,在促进产学研协同创新、新旧动能转换中发挥更好的作用。

参考文献

[1] 陶雅.粤港澳大湾区之广州科技创新路径跃迁研究[J].企业科技与发展,2019(2):22-23.

[2] 曾一帆.高校与城市科技创新的互动机制——以广州为例[J].浙江树人大学学报,2019,19(3):101-105.

[3] 郑国雄,王眉.广深科技创新走廊建设背景下广州与深圳科技创新能力对比研究[J].科技和产业,2019,19(7):56-59.

[4] 谢炜聪.广州建设广深港澳科技创新走廊的定位、路径与对策[J].广东开放大学学报,2019,28(4):23-27.

编　写:檀　壮

审　稿:谭思明　李汉清　王淑玲

山东省高校创新能力分析及建议

（一）山东省高校专利占山东省总体比重逐年提高，年均增长率逐年增加

经过检索，2013—2017 年专利数大于 30 件的山东省高校有 36 所，专利总量为 14 681 件，占同期山东省总体专利数的 20%。从占比情况看，山东高校专利占山东省总体专利的比重逐年提高，由 2013 年占同期山东省总体的 18.12%，提高到 2017 年的 23.54%，占比增长了 5.42 个百分点（图 1）。

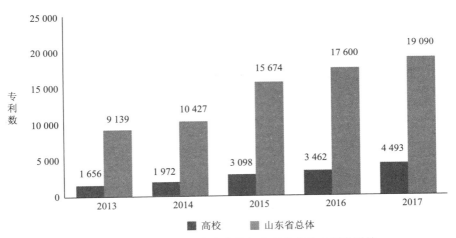

图 1　2013—2017 年山东省高校与山东省总体专利数对比

山东省高校专利的年均增长率为 28.43%，与同期山东省总体的年均增长率 20.22% 相比，高出 8.21 个百分点。从各年来看，2013—2017 年山东省高校基本上高于山东省总体年均增长率，其中 2015 年高校的年均增长率达到最高，为 57.10%，2016 年高校略低于山东省总体的年均增长率，2017 年高校大幅度高于山东省总体的年均增长率，高出 21.31 个百分点（图 2）。

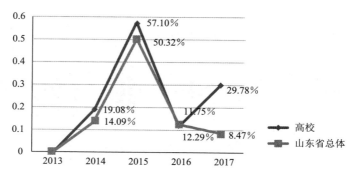

图2　2013—2017年山东省高校与山东省总体年均增长率对比

（二）济南、青岛两地高校为山东省科技创新中的主力担当

山东省高校的专利主要集中在济南、青岛两地，其中济南6 110件，青岛5 309件，分别占比42%、36%，两地高校专利占同期山东省高校专利总量的78%，说明济南、青岛两地高校的专利在山东省处于领军位置。排名第三的为淄博，专利数为1 216件；其他地市高校的专利数相对较少，占比14%。在本次统计的山东省16个地市中，日照的高校没有入选（图3）。

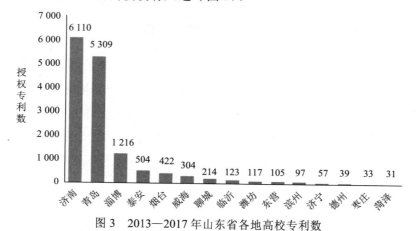

图3　2013—2017年山东省各地高校专利数

从济南和青岛两地的高校来看，济南8所高校专利数量差距较大。其中山东大学排名第一，有3 179件专利，占济南高校总量的52%，是排名第二的济南大学的两倍多，济南大学的专利数又超过其余6所高校的总和，说明济南各高校的专利数量呈现出明显的阶梯化。青岛7所高校的专利数则相对接近，各高校专利数量差距较小（图4）。

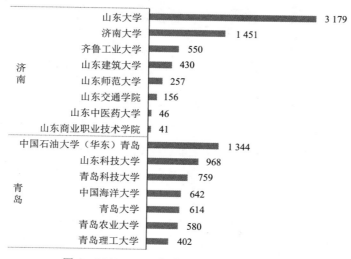

图4　2013—2017年济南、青岛各高校专利数

（三）山东大学优势突出，济南大学和中国石油大学(华东)青岛校区具有潜力

从山东省各个高校来看，专利数超过1 000件的高校有4所，其中山东大学排名第一，有3 179件专利，遥遥领先其他高校，超过第二名济南大学和第三名中国石油大学(华东)青岛校区的专利数总和，山东理工大学排名第四位；专利数在100～1 000件的高校有19所；专利数在100件以下的有13所高校。从山东高校专利总量排名前10位的高校来看，青岛占6位，济南占3位，说明青岛高校的创新能力相对较好(图5)。

图5 2013—2017年山东省36所高校专利数

山东省高校专利年均增长率排名前十的高校如表1所示，其中中国石油大学(华东)青岛校区，年均增长率为81.82％，专利总量达1 344件，说明该校在山东省高校中专利数增长相对较快。潍坊学院虽然年均增长率排名第一，但专利总量较少，仅34件。排名第九的济南大学也值得关注，其年均增长率为47.75％，专利总量为1 451件。

表1 2013—2017年专利年平均增长率排名前十的山东省高校

序 号	高校名称	2013年	2014年	2015年	2016年	2017年	专利总量	年均增长率
1	潍坊学院	0	1	4	6	23	34	184.36%
2	中国石油大学(华东)青岛	42	164	292	387	459	1344	81.82%
3	中国人民解放军海军航空工程学院	6	13	15	21	56	111	74.79%

序　号	高校名称	2013 年	2014 年	2015 年	2016 年	2017 年	专利总量	年均增长率
4	曲阜师范大学	3	3	4	20	27	57	73.21%
5	临沂大学	5	11	27	39	41	123	69.22%
6	山东交通学院	10	9	28	42	67	156	60.89%
7	潍坊医学院	2	4	20	10	13	49	59.67%
8	泰山医学院	6	21	21	15	34	97	54.29%
9	济南大学	111	174	230	407	529	1 451	47.75%
10	山东师范大学	20	57	54	41	85	257	43.58%

二、山东省高校专利在质量方面还需要提高

（一）专利平均保有率较低

专利保有率是有效授权发明专利与总授权发明专利的比重,保有率高通常意味专利的价值较高。山东省 36 所高校的专利平均保有率为 82.54%,比同期山东省企业专利的平均保有率低 13.46 个百分点。大部分高校专利保有率较低,如专利数排名第四的山东理工大学的专利有 1 168 件,但专利保有率仅 73.97%,说明有一定比例的专利并没有应用价值,成为无效专利。

（二）海外专利布局较少

如图 6 所示,山东省仅 16 所高校在海外布局了 100 件专利,占同期山东高校专利总量的 0.67%,比同期山东省总体的海外专利占比低 1.57 个百分点,说明山东省高校能够推向海外的有价值的专利较少。

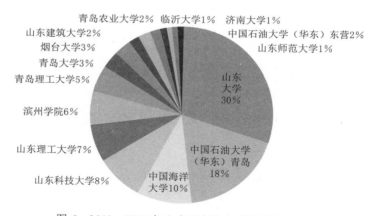

图 6　2013—2017 年山东省高校专利海外布局占比

（三）技术领域分布需要优化

山东省高校的专利主要集中在测量、药品、土木工程等传统技术领域,依据世界知识产权组织（WIPO）划分,在 5 个一级领域中,化学领域专利数最多,共 8 717 件,占比 46.33%,计算机技术、数字通信、半导体等现代新兴的技术领域分布相对较少（图7）。

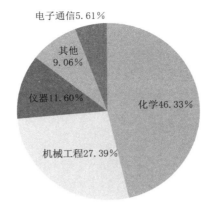

图 7　山东省高校 5 个一级技术领域专利占比情况

（四）大部分地市与济南、青岛的专利数量差距过大

山东省有 13 个地市的 21 所高校的专利总量仅占山东省高校专利总量的 22.22%，如菏泽、枣庄、德州等地高校近五年的专利仅 30 多件。各地市高校创新能力的差距过大，容易造成人才和技术的流失，不利于本地区创新能力的提高。

三、进一步提高山东省高校专利质量的建议

（一）构建高价值专利培育体系

由鼓励专利申请量、授权量的政策调整为鼓励专利高保有率、专利高转换率等政策；发挥专利管理机构在高校、研究人员与企业间的桥梁作用，帮助科研人员寻找战略合作企业；发展高校自己的衍生企业；引导高校研究方向符合企业和市场需求，推动优质的专利向市场转化，激发科研人员的创新热情。

（二）提高专利转化实施率

借鉴贵州省已提出"三权分置、托管运营、收益分享"的知识产权运营新模式，将发明专利的所有权、运营权和收益权等"三权"适当分离，实现对运营获得的许可、转让、维权等收益权按托管运营协议的约定分享，从而达到产学研的有机结合，提高专利转化实施率。

（三）对接新旧动能转换优化学科设置

目前，山东省教育厅已下发《关于做好 2018 年度高等学校本科专业设置工作的通知》。山东省高校应在强化已有特色和优势学科的基础上，加快学科拓展和交叉融合，发展新兴学科、新工科专业。引导科研团队重点开发研究战略性新兴产业技术，对接新一代信息技术、高端装备、新能源新材料、现代海洋、医养健康等"十强"产业需求，不断优化完善技术领域分布。

（四）重视海外专利布局

山东省高校应重视海外专利申请授权，设立专项资金，成立相关的专利管理部门，并结合我国的"一带一路"政策，加强与国外的企业、科研院所交流合作，建立海外研发中心，积极在"一带一路"沿线等国家布局专利。

（五）开展区域间协同合作

建议相邻或相近地市间的高校开展专利方面的协同合作，建立区域间的专利基金池，共享资源平台，优势互补，并引导济南、青岛高校的专家团队帮助其他地市高校进行研发创新，共同合作申请研究项目，促进区域间高校协同创新。

参考文献

[1] 陈红艳. 加快高校创新能力建设[J]. 高教学刊, 2019（6）: 38-40.

[2] 李蓓蓓, 吕娜. 研究生科研创新能力现状及其影响因素分析[J]. 安徽文学, 2017（5）: 152-154.

[3] 高玉潼, 崔立民. 探讨当代大学生提高创新能力的有效途径[J]. 读与写（教育教学刊）, 2017（6）:
32.

编　写: 尚　岩

审　稿: 谭思明　王云飞

高新技术产业和战略性新兴产业

2018年青岛市战略性新兴产业发明授权专利现状及对策建议

　　培育壮大战略性新兴产业是新旧动能转化的重大战略任务,提高科技创新能力是发展战略性新兴产业的核心环节,而专利产出是衡量一个新兴产业创新能力的重要指标。为此,本文根据国家2018年战略性新兴产业分类标准,对青岛市及其他14个副省级城市战略性新兴产业发明授权专利进行产业分类标引并统计分析。

　　结果表明,2018年青岛市战略性新兴产业发明授权专利数量居副省级城市第八位,增速排第三位,高于副省级城市平均增速4.6个百分点。针对存在的不足,本文提出了对策建议。

一、2018年青岛市战略性新兴产业专利创新活动特点

(一)发明授权专利数量居副省级城市第八位,增速排第三位

　　一是青岛市战略性新兴产业创新能力不断增强,2018年新兴产业发明授权量为3 719件,占全市发明授权专利总量的57.3%,占副省级城市授权总量的6%,排在深圳、广州、南京、杭州、武汉、成都、西安之后,位居第八位。二是2018年青岛增速排副省级城市第三位,授权量同比增长8.8%,高于副省级城市平均增速4.6个百分点。见图1和表1。

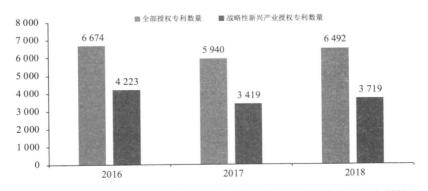

图1　2016—2018年青岛市发明授权专利及战略性新兴产业发明授权专利统计

表 1　2016—2018 年副省级城市战略性新兴产业发明专利授权量及增长率

城　市	2016	2017	2018	2018 年同比增长率
深　圳	11 629	11 394	12 448	9.3%
广　州	5 148	5 990	6 896	15.1%
南　京	5 660	6 637	6 640	0.0%
杭　州	5 161	5 880	6 101	3.8%
武　汉	4 119	5 202	5 433	4.4%
成　都	4 434	4 959	5 057	2.0%
西　安	4 192	4 816	4 733	−1.7%
青　岛	4 223	3 419	3 719	8.8%
济　南	2 928	3 156	3 118	−1.2%
宁　波	2 677	2 498	2 463	−1.4%
哈尔滨	2 376	2 775	2 264	−18.4%
沈　阳	1 978	2 143	1 835	−14.4%
大　连	1 431	1 626	1 595	−1.9%
长　春	1 319	1 624	1 541	−5.1%
厦　门	1 280	1 355	1 312	−3.2%
青岛排名	6	8	8	3

（二）生物、节能环保、相关服务业授权量在十五个副省级城市中名列前茅

如表 2 所示，青岛市生物、节能环保、相关服务业的发明授权量与深圳相当，位列 15 个副省级城市第五位，生物产业和节能环保产业在专利增速上超越深圳。新材料、新能源、高端装备制造、数字创意、新一代信息技术产业、新能源汽车产业授权量与深圳相比差距较大，位列 15 个副省级城市第七位和第十一位之间。

表 2　2018 年副省级城市发明授权专利产业分布

城　市	新一代信息技术	高端装备制造	新材料	生物产业	新能源汽车	新能源	节能环保	数字创意	相关服务业
深　圳	8 303	1 365	2 442	1 034	144	424	634	1 746	82
广　州	2 116	1 042	3 065	1 792	68	199	919	385	86
南　京	2 088	1 186	2 761	1 214	61	322	1 222	359	61
杭　州	2 155	1 055	2 354	1 176	78	229	929	448	56
武　汉	1 886	973	2 166	891	47	206	875	234	58
成　都	1 646	965	1 998	949	44	239	758	255	84
西　安	1 466	1 038	2 082	533	22	164	677	171	120
青　岛	664	667	1 647	1 014	17	166	836	131	68
济　南	849	472	1 480	847	16	88	615	113	26
宁　波	492	606	1 112	349	54	99	427	71	11
哈尔滨	509	566	978	493	18	101	394	59	26
沈　阳	354	433	924	325	5	55	309	48	10
大　连	318	372	817	309	8	46	265	48	15
长　春	335	336	818	353	76	47	154	30	42
厦　门	553	170	519	258	9	51	171	66	10

在青岛市九大产业中,新材料和生物产业位居前两位,合计发明授权量占全市的51.1%,见图2。

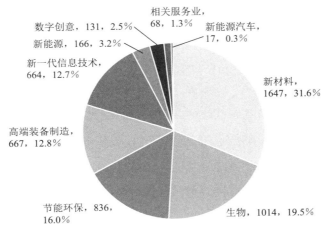

图2　2018年青岛市各区市战略性新兴产业发明授权专利分布

(三)崂山区在节能环保和新一代信息技术产业、黄岛区在新材料和高端装备制造产业、市南区在生物产业专利授权量领先

如图3所示,2018年,崂山区、黄岛区、市南区的战略性新兴产业发明专利授权量居全市前三位,三个区合计授权量占全市的70.4%;崂山区在节能环保、新一代信息技术、新能源、数字创意技术领域,黄岛区在新材料、高端装备制造、相关服务业,市南区在生物产业领域具有领先优势。

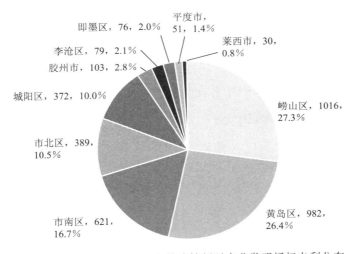

图3　2018年青岛市各区市战略性新兴产业发明授权专利分布

(四)企业是青岛市战略性新兴产业专利产出的主要力量

2018年企业授权数量为2 279件,占全市总量的42.4%,占比居副省级城市第8位。其中青岛海尔股份有限公司、中车青岛四方机车车辆股份有限公司、青岛海信移动通信技术股份有限公司、青岛海信电器股份有限公司、中国石油化工股份有限公司、青岛海尔空调器有限总公司、青岛歌尔声学科技有限公司、青岛海信宽带多媒体技术有限公司等企业授权量进入全市申请人前20位。

二、青岛市战略性新兴产业专利创新值得关注的问题

（一）战略性新兴产业专利创造能力有待提高

一是发明授权专利数量少。2018 年排名首位的深圳发明授权量是青岛的 3.3 倍。二是专利增速比深圳慢，2018 年比深圳低 0.5 个百分点。2016 年以来，青岛市 3 年平均增速为 −6.2%，远低于深圳 3.5% 的平均增速。三是国际 PCT 专利数量少。青岛在 15 个副省级城市中 PCT 专利数量排在末位，仅有 2 件，而深圳高达 743 件。以上数据显示青岛市战略性新兴产业的专利创造能力及专利质量亟待提高。

（二）新一代信息技术产业、高端装备制造产业专利创新对整个战略性新兴产业发展的支撑引领作用不够强

新一代信息技术和高端装备制造产业是拉动战略性新兴产业发展的重要动力，是其他战略性新兴产业发展的基础。而从专利授权情况看，青岛市在这两个产业的创新能力严重不足。青岛市新一代信息技术产业 2018 年授权量为 664 件，授权量仅是深圳的 1/13，且增速低于副省级城市平均增速 2 个百分点，低于深圳增速 11.5 个百分点，差距不断加大。高端装备制造产业授权量为 667 件，不足深圳的 1/2，且增速为 −5.9%，低于副省级城市平均增速 4.2 个百分点，低于深圳增速 21.8 个百分点，差距不断加大。从产业授权量占比来看，青岛新一代信息技术产业和高端装备制造产业专利产出合计占青岛市战略性新兴产业专利总量的比值为 25.5%，而深圳这两个产业的合计占比为 59.7%，反映出青岛市产业结构不合理，新一代信息技术产业和高端装备制造的专利技术创新发展水平对整个战略性新兴产业发展的支撑引领作用不够强，这两个高产值产业尤其需要提高技术创新能力，增强整个战略性新兴产业的发展动力。

（三）龙头企业专利授权数量偏少

2018 年，企业授权量占青岛市战略性新兴产业发明授权总量的 42.4%，虽然占比高于科研院所和高校，但远远低于深圳 86.3% 的企业授权量占比。另外青岛市龙头企业数量偏少，在授权专利量排名靠前的申请人中以高校院所居多，企业数量较少。如排名前 20 位申请人中，高校院所 10 家，合计授权量占 69.3%，企业授权量仅占 26.0%。反映出青岛市企业作为技术创新主体的地位还需进一步加强。

（四）区市间专利创新能力差距较大

2018 年，各区市战略性新兴产业发明授权专利数量差别较大，在各个产业领域的技术创新能力强弱不均，技术创新和专利授权相对较好的是崂山区、黄岛区和市南区，城阳、市北、李沧、即墨、胶州、莱西、平度七个区市技术创新和专利申请还欠活跃，七个区市合计授权量仅占全市的 29.6%，区域发展不平衡。

三、对策建议

（一）加强战略性新兴产业专利分析及动向监测，把握产业发展态势

持续更新完善战略性新兴产业专利数据库，开展专利预警分析工作，把握产业发展态势，支撑产业发展决策；加强战略性新兴产业专利统计分析系列成果的推广和利用；结合重大科技项目的实施，有目的地进行产业专利组合布局，使青岛市知识产权数量、质量和结构并举，加速提升青岛市战略性新兴产业专利创造能力。

（二）实施高价值专利培育计划，提高企业创新能力

通过"高价值专利培育计划"支持，鼓励青岛市战略性新兴产业企业联合高校、科研院所共同组建高价值专利培育示范中心，开展以战略性新兴产业领域知识产权联合研发、评估引进、许可转让等高价值专利培育活动，重点资助高质量发明专利和国际专利（PCT 专利）申请，提高专利授权率，培育孵化一批拥有

核心知识产权的战略性高新技术企业。

（三）实施产业集聚区知识产权集群管理

青岛市要以高端装备制造、节能环保产业入选国家首批战略性新兴产业集群名单为契机,充分运用国家给予的政策支持,推动青岛市产业集聚区知识产权运营服务体系建设,建立以优势企业为龙头、技术关联企业为主体、知识产权布局与产业链相匹配的知识产权集群管理模式。加快推动产业集聚区的知识产权公共服务平台建设,增强为集群发展的服务能力,推进青岛市战略性新兴产业集群实现高质量发展。

（四）发起"双招双引"攻势,打造新一代信息技术和高端装备制造产业创新高地

青岛市要抢抓人工智能发展机遇,实现新一代信息技术产业2022年达千亿级产业链目标,推动青岛市由"制造大市"向"制造强市"成功转型,要加大新一代信息技术和高端装备制造产业的"双招双引"力度,发挥龙头企业的带动作用,瞄准央企、强企,开展产业链精准招商,推动更多本地配套企业纳入龙头企业供应链,重点引进急需紧缺人才,放宽人才引进条件,开展资本、技术、专利、管理等生产要素参与收入分配的有效办法,加强院士工作站、重点实验室和工程（技术）研究中心、博士后科研工作站等各类创新平台建设,加大吸引海外优秀人才来青创新创业力度,提高专利技术创新产出能力,打造新一代信息技术和高端装备制造产业创新高地。

编　写:赵　霞
审　稿:谭思明　李汉清

加快场景建设
推进青岛技术创新发展的对策建议

新一轮科技革命与产业变革加速推进,带动全球经济发展模式和社会生活方式发生重大变化,创新驱动发展上升为国家战略。当前,以技术创新为代表的创新活动日益活跃,为培育壮大新动能和经济社会高质量发展提供了巨大推动力。创新作为人的智力的延伸或替代,既不是靠规划出来的,也不是靠补贴和优惠养出来的,紧抓用户需求的创新才能带来生产生活方式的颠覆性变革。以市场需求为核心的场景应用已成为技术创新爆发的原点,也将成为未来新兴产业发展所依赖的稀缺资源,主动营造各类产业发展的场景成为推动技术创新发展的重要驱动力。

一、场景为技术创新开辟了方向

在新科技革命时代,随着群体性技术爆发、跨界融合创新兴起,新技术、新模式深刻改变着人类的生产生活方式,大量具有前沿性、科技感、体验感和创造性的新场景出现,为新技术的真实训练验证改进提供试验场,加速市场培育与熟化,催生了大量独角兽企业,为技术创新开辟新的爆发点与经济增长点。

(一)无人化场景

无人化场景以无人零售、无人支付、无人仓储物流等为代表。无人货架和无人商店正吸引互联网龙头、零售商等多方参与,造就了易果生鲜、便利蜂等独角兽企业。无人仓储已广泛应用于京东、亚马逊等新兴和传统物流企业,远程无人运输与点对点无人配送也已出现。中国无人支付领先世界,并促进了大数据、生物识别、虚拟现实等新技术的应用发展。

(二)个性化服务场景

人工智能与个性化教育相结合,发展出基于学习行为数据的定制化教育,产生知乎、沪江、惠科教育等独角兽企业。在线直播与共享出行发展出快手、斗鱼、滴滴出行、Uber等企业。网络媒体将移动资讯分发作为战略级移动互联网流量入口,在移动资讯分发市场投入大量资源,加大技术算法与技术创新力度。

(三)智慧生活场景

以智能化家居、智能安防和智慧医疗等场景应用为代表,多种类型的智能家居应用场景,使生活更加便利。安防监控是人工智能最先产生商业价值的场景,形成了依图、商汤科技、旷视等独角兽企业。以人工智能和医疗知识系统为基础,衍生出导问诊及推荐用药平台等场景,代表独角兽企业有联影医疗、安翰、春雨、妙手等。

场景发展正加速人工智能技术、区块链技术、大数据分析、5G通信、生物信息、智能机器人、无人驾驶等新技术的成熟,场景已不仅作为一种应用,而是成为技术创新发展必不可少的基础设施。

二、国内外重点城市推动场景在未来发展中的作用

城市是场景创新的重要空间载体,拥有"全景化"应用场景的城市将会成为技术创新的集聚区和策源地,主动培育和供给场景的能力成为城市发展新的竞争点。

(一)北京大力推进重点场景项目建设,塑造城市先发优势

北京市通过应用场景建设,为企业拓展市场提供新实验空间,为推动创新成果应用提供孵化平台。同时,通过新技术、新产品场景应用,提升政府管理服务水平,给群众带来实实在在的获得感。2019年6月,北京提出首批重点建设工智能、医药健康和智能制造等10项应用场景。国资委与北京市科委开展"联动攻关",促进央地需求与技术产品的精准对接,联合发布了20项央企应用场景建设项目。

(二)上海率先启动场景建设计划,加速新技术、新产品、新模式加速转变新动能

2018年12月,上海发布人工智能应用场景建设实施计划,聚焦AI+医疗、教育、城市管理和产业等发展,破解供需两类主体对接瓶颈,为AI企业提供应用场景,实现AI在全产业全覆盖,推动新技术、新产品、新模式在上海率先运用,形成新的经济增长点。上海还积极打造金融科技普惠民生应用场景和优化支付清算服务的应用场景,共同推动金融科技应用场景对接、落地与推广建设。

(三)成都最早开始城市场景试验,面向全球发布城市机会清单

2017年,成都在全国率先提出应用场景理论。2019年,成都先后发布两批"城市机会清单",以应用场景为标准,梳理城市发展机遇,通过场景供给推动新技术、新模式落地,产业扶持方式从"给优惠"向"给机会"转变。通过清单,场景成为可感知、可视化、可参与的城市机会,促进新经济和实体经济深度融合,激发新经济企业创新活力和内生动力。为新经济企业提供入口机会,为广大市民提供情景体验。

(四)硅谷、深圳等城市聚焦重点,探索未来技术创新场景

国内外城市聚焦智慧城市、5G应用、无人驾驶等领域,推进建设专用场景试验项目。深圳在大力推广5G技术的场景应用,提出推动十大5G政务工程。杭州为城市大脑规划了四类应用场景,为新技术创新应用提供了载体空间,并通过企业采购推动产业发展。广州开辟无人驾驶城市道路测试路线,打造示范运营区。位于硅谷的山景城,高效利用各类城市空间,为人工智能产品提供测试场景,探索人和机器共同发展,吸引了谷歌、NASA、微软、滴滴等高科技企业以及大批人工智能创新创业企业入驻。

三、布局未来技术发展,青岛应加大场景建设力度

近年来,青岛围绕创新驱动,聚焦高质量发展,人工智能、区块链、物联网等新技术发展迅速。加大应用场景建设力度,推动技术创新和高技术产业发展,将为青岛发展提供更多先发优势。

(一)人工智能场景

1. 智慧海洋场景

海洋作为青岛市最大的城市特色,充分利用人工智能等新技术,将现有科技资源优势转化为区域经济社会发展动力,构建"智慧海洋+"航运、渔业、水文气象预报、矿产资源、油气开采、科研教育、国防、文旅等场景应用,探索形成智慧海洋产业生态圈。

2. 智能家居场景

青岛市企业在国内率先启动了智能家居技术研发,提供整套智能家居解决方案,大力开展相关应用场景建设。海尔 U+ 智慧生活开放平台、海信聚好看和智能家居产品场景示范平台等,为用户提供真实场景体验有住智能家居产业园,集聚一批智能家居创新链、产业链上下游企业。

3. 智慧城市

海信智能交通系统、基于平行驾驶的平行无人车(PAVE 车)系统、海信城市"云脑"平台等,在国内已占据一定的市场。海信医疗、青大附院、百洋科技等单位加大研发力度,促进青岛市医疗人工智能行业的快速发展。虽然,技术研发成果丰硕,但城市相应的场景建设仍缺乏。

4. 智能制造与智能物流

海尔"智能制造云平台"、红领"酷特智能"、双星智能工厂以及"橡胶轮胎智能制造系统"等一批智能制造平台,提供了全流程智能制造解决方案。海尔日日顺依靠在物流领域自动化和智能化技术的优势,发展成为独角兽企业。青岛港自动化码头实现了从概念设计到商业运营,成为亚洲首个真正意义上的全自动化集装箱码头。

(二)区块链场景

青岛市成为国内区块链产业最早城市之一。2017 年,启动青岛链湾建设。2019 年,国内首个区块链技术应用实践基地落户青岛,开展区块链等新技术的创新、试验和应用。青岛市在国内首次提出"区块链 + 产业生态"模型及实践案例,构建"区块链 + 供应链金融"解决方案,探索区块链应用场景。在电子政务、智能制造以及旅游等领域,已形成青岛区块链发展特色。然而,青岛区块链发展以政府和大企业为主,应充分发挥中小企业创新活跃度的优势,借助新技术和场景创新带动产业实现爆发性增长。

(三)5G 场景

我国 5G 标准的确立和试点全面展开,5G 技术应用场景建设,成为抢占产业发展制高点关键。中国移动推出 5G+ 智慧医疗、5G+ 远程驾驶、5G+ 智能制造等应用场景。青岛市作为首批 5G 试点城市,相关应用场景研发建设已经展开。海信网络科技公司发布全国首个 5G 技术赋能的智慧街区。爱立信与全球第四大移动运营商中国联通合作,在中国青岛港打造 5G 智慧码头,探索 5G 在工业领域的应用场景。

四、加快推进青岛市应用场景建设的对策建议

通过对未来的洞见,创造需求、哺育创业,场景成为连通技术与产业、市场的快速路。将场景建设融入城市未来发展总体规划之中,以需求驱动技术创新发展,以独角兽带动新技术产业发展,探索形成新业态和新模式,带动青岛市经济和社会实现跨越式发展。

(一)前瞻布局,整体统筹规划场景建设

加强顶层设计,充分考虑前沿科技和颠覆性技术对未来生产生活的影响,在城市规划编制中预设应用场景,充分留白,超前谋划、前瞻布局。在道路的设计改造中应预留无人驾驶的测试场景,城市总体规划中预留智慧城市改造空间与交换接口。为新技术、新业态、新模式推广预留应用场所,吸引更多新经济企业参与建设运营。

(二)加强引导,突出城市优势特色。

结合青岛特色,突出海洋、人工智能、无人驾驶、无人机等应用场景,建设一批前沿技术社会实验室;吸引高水准的在全球引领的独角兽企业为核心建设技术研发中心;拟定场景标准并建立场景促进中心。对接生产生活需求,相关部门结合自身职能、职责主动释放政务资源,率先启动试点一批提升产业能级、

带动行业发展的细分应用场景,鼓励企业围绕高质量发展、高品质生活提供解决方案。

(三)高端引领,培育未来产业市场主体

独角兽企业作为未来经济发展的代表,其成长于场景创新与制度供给。加强对独角兽的技术研究试验和场景示范应用的支持,以独角兽未来发展的需求为核心,提供有利于场景创新主体发展的政策环境。加大市民对未来科技的认知与体验,营造市民参与体验的便利性,通过结果反馈完善产品,建立消费用于对新技术产品的认可度。

(四)包容创新,营造良好场景创新环境

进一步营造宽容审慎的制度与政策环境,加大场景创新的供给力度,让创新生态愈加完善和高效。积极争取产业政策突破与场景创新机会,为企业提供场景创新的机会与条件,与企业协同创造世界领先的新场景。要制定兼顾监管与促进发展的政策,创造对原始创新相对包容的环境。应通过政府采购、试点示范、相关牌照优先发放等多种形式,加强推广支持。主动引导教育、医疗、卫生、文化、体育、商业服务和行政管理等公共服务领域的数字化、智能化、网络化发展。

参考文献

[1] 王德禄,莫祯贞,王建,等. 场景:新经济创新发生器[J]. 新经济导刊,2018(10):46-51.

[2] 李智颖. 移动互联网时代的"场景理论"研究[J]. 中国传媒科技,2017(10):75-76.

[3] 陈波,吴云梦汝. 场景理论视角下的城市创意社区发展研究[J]. 深圳大学学报(人文社会科学版),2017(6):40-46.

[4] 王德禄. 场景,未来创新的驱动力[EB/OL]. (2019-5-20)[2019-12-10]. https://www.sohu.com/a/315225768_818223.

[5] 傅翠晓. 世界科技发展呈现新趋势新特点[EB/OL]. (2019-9-20)[2019-12-10]. https://www.sohu.com/a/342194798_468720.

编　写:燕光谱

审　核:谭思明　蓝　洁

区块链发展情况调研及对策建议

目前,全球正处于区块链技术发展的热潮期和机遇期,凭借构建在其上的数字资产、数字鉴证、智慧合约等应用,区块链技术为互联网与现实世界的融合提供了进一步的解决入口,将会创造出超乎想象的投资领域和商业模式。青岛市科技局、青岛市科学技术信息研究所(青岛市科学技术发展战略研究所)组织专家对区块链技术进行了解读,对国内先进城市和青岛该领域的发展现状进行了调研,提出了加强顶层设计、阶段推进区块链技术与相关领域发展、建立完善相关扶持政策等对策建议,供各级领导和有关部门参阅。

一、区块链是广泛赋能的关键技术

习近平在主持中央政治局第十八次集体学习时的讲话指出,区块链技术应用已延伸到数字金融、物联网、智能制造、供应链管理、数字资产交易等多个领域。习近平还指出,要抓住区块链技术融合、功能拓展、产业细分的契机,发挥区块链在促进数据共享、优化业务流程、降低运营成本、提升协同效率、建设可信体系等方面的作用。

习总书记所指的是区块链在各个领域应用中所发挥出的独特作用,需要从技术本身的特征出发来准确理解和把握。

(1)从金融科技视角看,区块链技术能够在互联网上构建分布式信用体系并实现点对点价值传递的特征使它成为互联网金融的底层技术架构。数字化的资产可以利用区块链的公共账本来进行认证、记录、登记、注册、存储、交易、支付、流通,从而能够将巨量中小微企业的研发、财务、人员信息固定转化为可靠的信用信息、价值信息,为从根本上破解金融和实体经济深度融合,解决中小企业贷款融资难、银行风控难、部门监管难等问题提供底层技术保障。

(2)从大数据视角看,区块链将数据存储在通过加密算法验证链接起来的区块上,使它成为一种去中心化的大数据系统。海量的政务、民生、能源、交通、建筑、产业等数据都可以通过区块链系统实现记录、传递、存储、分析、应用,各类数据可以实现可信的有效共享。这一方面可以助推提升数字时代城市公共服务和管理的智能化、精准化水平,另一方面可以促进城市间在信息、资金、人才、征信等方面更大规模的互联互通,保障生产要素在区域内有序、高效流动。

(3)从网络基础设施视角看,在分布式的区块链网络上架构云计算和云服务,将会推动云网络升级到没有中心节点服务器的"瘦云"时代。通过与5G、人工智能、物联网等前沿信息技术的深度融合,将会催生出车联网、泛在网、机器人网络等新型的信息基础设施,为培育新的数字经济模式、新的制造业模式和经济新动能提供关键支撑。

(4)从治理体系视角看,区块链网络中心化的共识机制是扁平化治理机制的底层协议基础。随着区块链应用到民生、社会、组织治理的各个领域,将会给政府、企业、机构的治理理念、方式、流程带来深刻变革,极大推动治理能力的现代化进程,可靠的时间戳和点对点传输机制能使行政事项在任何授权节点上实现,全网记账可以极大提升供应链管理的效率。

二、先进城市优势明显

习近平在主持中央政治局第十八次集体学习时的讲话指出,要推动和探索区块链在实体经济融资和监管领域,在数字经济模式创新,在教育、就业、养老、精准脱贫、医疗健康、商品防伪、食品安全、公益、社会救助等民生领域,在信息基础设施、智慧交通、能源电力等领域,在数据共享模式等方面的应用。

《2018年中国区块链产业发展白皮书》显示,北京、上海、深圳、杭州为中国大陆区块链创业活跃度最高的四座城市,区块链领域企业占比达到全国的78%。下面重点对深圳、杭州的区块链应用情况进行梳理分析。

(一)深圳

从政策来看,2016年11月,深圳市金融办发布《深圳市金融业发展"十三五"规划》,文件提到"支持金融机构加强对区块链、数字货币等新兴技术的研究探索"。2017年5月11日,深圳市贸易和信息化委员会《关于组织实施深圳市重大科技产业专项2017年扶持计划的通知》提及重点支持区块链产品在金融领域的应用。2017年9月,深圳市人民政府关于印发《深圳市扶持金融业发展若干措施》的通知,重点奖励在区块链、数字货币、金融大数据运用等领域的优秀项目。2018年3月,深圳市经济贸易和信息化委员会发布文件《关于组织实施深圳市战略性新兴产业新一代信息技术信息安全专项2018年第二批扶持计划的通知》,区块链属于扶持领域之一,按投资计算,单个项目资助金额不超过200万元,资助金额不超过项目总投资的30%。

从应用来看,中国人民银行在深圳中心支行建设的贸易金融区块链平台,截至2019年10月31日,深圳市参与平台推广应用的银行29家,网点485家,发生业务的企业1 898家,已实现业务上链3万余笔,业务发生笔数5 000余笔,业务发生量约合750亿元人民币。深圳市国税局与腾讯公司联合建立的"智税"创新实验室于2018年发布了全国第一个基于区块链的数字发票解决方案,目前已接入企业超过7 600家,开票数量突破1 000万张,开票金额超70亿元。深圳市政务服务数据管理局正在积极应用区块链技术,加快推进教育、就业、医疗、住房、交通等高频应用场景的数据链全打通。据报道,未来深圳95%的个人政务服务事项可通过区块链终端应用程序办理。

(二)杭州

从政策看,杭州市将区块链写入了2018年政府工作报告,明确将区块链产业列入杭州加快培育的七大未来产业之一。杭州市余杭区政府、未来科技城管委会与杭州暾澜投资管理有限公司共同出资(募集)设立了基金规模100亿元人民币的区块链基金,其中,政府引导基金出资达30%,用于投资、引进优质区块链项目。

杭州互联网法院与杭州趣链科技合作开发司法区块链应用,搭建了飞洛印区块链存取证服务平台,截至2019年10月,杭州互联网法院司法区块链存证总量突破19.8亿条。阿里巴巴围绕阿里云、蚂蚁金服、天猫等业务板块开发了完整的区块链平台,应用覆盖阿里旗下的供应链金融、电子票据、可信存证、分布式数字身份等多个环节。2019年阿里"双11"期间,已有超过4亿件跨境商品添加了区块链"身份证",比

2018 年多了 2.7 倍,且区块链存证技术首次应用于保护"卖家秀",500 万商品图片版权信息 1 秒登记在链,同时区块链技术在供应链金融方面的解决方案,帮助 3 万天猫"双 11"小微商家获得了供应链贷款。

三、青岛优势与挑战并存

从政策看,2017 年 6 月市北区颁布《关于加快区块链产业发展的意见(试行)》,是全国出台区块链发展意见较早的地方政府之一。2017 年 7 月,由市北区发布了区块链产业发展年度专项基金项目,截至 2019 年 10 月,已有蚂蚁金服、腾讯、TCL 简汇、京铁物流、海尔数字、一汽物流等数十家企业获得资助。

从产业和应用发展看,2018 年年底,赛迪(青岛)区块链研究院发布《中国城市区块链发展水平评估报告》显示,青岛排名第 8。青岛目前有区块链相关企业近百家,主要集中在市北区的"链湾"和崂山区。其中,"链湾"汇聚有 70 余家区块链企业,包括中检联浪潮质量认证平台、互信区块链应用中心、中航信华东研发中心、青岛基金港、中英金融科技孵化器以及尚疆科技、布比科技、PDX 等区块链底层技术项目,发布了国内第一个"区块链 + 供应链金融"解决方案,是目前国内最大的供应链金融项目,已应用于富士康等 20 家大企业;提出了国内第一个"区块链 + 产业生态"模式,已在共享出行生态、氢能源生态、智慧农业生态等项目上取得应用;提出国内第一个"区块链 + 食安质量深度追溯"解决方案;建立了国内第一个股权投资数字化服务平台等。崂山区区块链企业主要集聚在金家岭金融区,重点推进区块链技术在金融行业的应用,区内的赛迪(青岛)区块链研究院已直接或间接引进相关企业近 30 家。海尔集团也发布了自己的区块链系统——"海链",将区块链与物联网相结合,目前已在农产品、服装加工的供应链中获得应用。

总体看,青岛的最大优势在于应用场景丰富,成长出许多有代表性的领域应用案例。青岛的劣势则表现为,一是底层技术研发能力不足,高校院所和企业在区块链底层技术上布局较少。二是政策环境支持力度不够,市、区(市)两级对区块链技术及产业发展扶持政策和资金都落后于先进城市。三是体制机制不够灵活,政务、民生、公共服务等多个部门应用区块链技术的协同机制不完善。

四、几点建议

(一)加强顶层设计

一是将区块链技术和相关产业发展列入青岛"十四五""信息基础设施"等相关战略和规划。二是建立完善区块链技术和相关产业发展工作的领导、协调、推进和考评机制。三是统一部署用区块链技术改造政务、民生、公共服务等信息平台,完善协同工作机制,推进相关服务流程再造。

(二)阶段推进区块链技术与相关领域发展

一是短期内抓住重点,先期确定 1～2 个可能的发展领域,以举办相关领域的论坛、交流活动为平台,树立青岛市在区块链领域内的品牌影响力。二是中期以开展应用试点为主,从最具可行性的公共服务领域入手,利用好青岛作为智慧城市、通关枢纽、财富管理、义务教育等领域的改革试点机会,推进一批试点试验项目,依托项目抓好机构、人才引进,逐步构建青岛的本土优势。三是长期以形成技术标准为目标,集中力量,重点在互联网金融、物联网领域培育 1～2 个顶尖机构,参与区块链相关技术标准的创始工作。

(三)建立完善相关扶持政策

一是通过与大型云计算平台、网络服务供应商合作,提供低成本的网络和算力资源,吸引线上区块链社群集聚。二是与各类天使投资和风险投资机构合作,发展线上虚拟孵化平台,支持区块链创业项目发展。三是选择政务类等可行性较高的领域,开展试行试点,采用非招标等高效率的政府采购方式,支持相关企业发展。鼓励蓝海股权交易中心等国有(控股)平台通过合作、外包等方式积极介入区块链相关金融技术的开发和应用。四是鼓励海尔、中车四方等龙头企业积极利用区块链技术,对自身业务和管理进行改造升级,对首次采购应用予以补贴支持。鼓励中小企业以合作和联盟的形式,在私有链或联盟链上开发区块链应用。

参考文献

[1] 梅兰妮·斯万. 区块链:新经济蓝图及导读[M]. 北京:新星出版社,2016.

[2] Deloitte. Deloitte's 2019 Global Blockchain Survey: Blockchain gets down to business [R]. London UK: Deloitte Touche Tohmatsu, 2019.

[3] 李伟. 区块链蓝皮书:中国区块链发展报告(2018)[R]. 北京:社会科学文献出版社,2018.

编 写:王 栋

审 稿:谭思明 李汉清 王淑玲

对标深圳，寻找青岛生物医药产业的突破口

无论是经济实力还是政商环境，深圳均走在了全国的前列，"学深圳、赶深圳"将是青岛市未来一个时期的发展目标。本文从生物医药产业的政策支持、创新能力、产业规模等方面对标深圳，祈望从中寻找青岛生物医药产业的突破口。

一、青岛与深圳的产业定位相似但产业规模差距极大

在地方政府"十三五"规划及专项规划中，深圳、青岛均将生物医药作为未来重点发展的新兴产业，出台多项相应的扶持政策，设立了多个相应的产业基地，青岛重视长期的科研力量引进，深圳在近几年也加大了对大院大所的引进力度。但在产业发展上，两地则出现了较大的差距，青岛的企业数量不少，但深圳的企业规模及影响力更大，且形成了相对明确完整的产业链（表1）。

表1 青岛、深圳生物医药产业情况对比

	青　岛	深　圳
行业政策	《关于加快"蓝色药库"开发计划的实施意见（2019）》《关于推进和鼓励仿制药质量和疗效一致性评价若干政策措施的通知（2018）》	《关于促进深圳市生物医药产业发展的若干措施（2009）》《关于促进深圳市药品和医疗器械产业发展的若干措施（2019）》《深圳市生物医药产业扶持计划（2018）》《深圳市生物医药产业扶持计划（2019）》
专项基金	2019年，中国蓝色药库开发基金，总规模50亿元2017年，青岛市生物医药科学研究智库联合基金，总规模2 000万元2014年，青岛华岭生物产业基金，总规模为人民币1.15亿元	2016年，深圳仙瞳生物医疗股权投资基金2018年深圳市生物医药PE/VC领域共发生38起投资事件，其中投资方包括IDG、红杉资本、软银、深创投、达晨创投等在资本市场活跃的机构；从融资阶段来看，发生在B轮之前的融资占比超过80%
创新实力	与生物技术有关的高校和科研机构11所，各级重点实验室17个，生物工程技术研究中心9个	生物医药领域创新载体319家，其中国家级有21家。引进生物生命健康领域孔雀团队38个、国家级人才项目专家32名、高层次医学团队73个
产业基地	崂山区生物产业园、高新区蓝色生物医药产业园、即墨生命健康产业先行试验区、西海岸海洋生物产业园、胶州生物产业园等五大园区	坪山国家生物产业基地、深圳国际生物谷生命科学产业园、南山医疗器械产业园、光明现代生物产业园等，通过各区优势互补，形成特色产业布局

	青　岛	深　圳
重点企业	黄海制药、正大制药、易邦生物、明月海藻、聚大洋藻业、根源生物、蔚蓝生物、东海药业、华仁药业、恩宝生物、华大基因(海洋库)、白洋制药(仿制药通过美国FDA上市许可)、杰华生物(抗病毒一类新药,省内首家独角兽企业)、华大基因(海洋库)、修正(青岛)中国海洋科技谷、康立泰药业(白介素-12,一类新药)	深圳在A股、港股和新三板上市的企业达到45家,其中医疗器械类企业20家,药品类企业17家,医药商业类企业2家。拥有迈瑞医疗、海普瑞、翰宇药业、北科生物、国药一致、海王集团、华润三九、健康元、泰康、微芯生物、华大基因等一批国家级知名(龙头)企业和创新型企业,吸引了赛诺菲巴斯德和葛兰素史克两大国际疫苗巨头落户
产业链		基本形成较为完整的生物医药产业链,在基因检测、在医疗器械、医药领域均聚集了一批国内知名企业,在基因检测、生物信息、医学影像等细分领域具有领先优势,并培育了生物疫苗、干细胞等特色细分领域
产业规模	2018年规模以上生物医药企业45家,实现产值138亿元,同比增长16%	产值突破2 800亿。2018年增加值298.58亿元,同比增长22.3%,增速居七大战略性新兴产业之首

二、青岛生物医药产业发展的短板

尽管青岛有着强劲的科研优势,生物医药产业发展势头良好,但行业发展存在成果转化难、产业落地难的"短板",与深圳相比,无论是大企业数量还是产值规模,差距巨大。

(一)缺乏具有行业影响力的龙头企业

据统计,深圳在A股、港股和新三板上市的生物医药企业达到45家,其中A股上市15家,港股上市3家,新三板数量最多,达到27家。根据领域划分,其中医疗器械类企业20家,药品类企业17家,医药商业类企业2家。产业规模以年均20%的增速快速增长,产值已突破2 800亿,仅海普瑞公司2018年的主营收入就达48亿元,体量远远大于青岛的企业。

从行业整体来看,青岛存在产业规模小、品牌产品数量少、企业影响力不够的问题。2018年规模以上生物医药企业45户,实现产值138亿元,与深圳相比,无论是大企业数量还是产值规模,差距巨大。青岛目前通过"双招双引",正在逐步引进华为、海王生物等大企业,但项目均是正在进行中,影响力与深圳无法比拟。

(二)产业扶持政策仍然欠缺

深圳自2009年重点打造生物医药产业集群以来,陆续出台了《关于促进深圳市药品和医疗器械产业发展的若干措施》等相应的地方政策及专项计划,通过直接资助、股权资助、贷款贴息等方式,精准扶持产业发展,如:2018年、2019年《深圳市生物医药产业扶持计划》即通过市级工程研究中心提升扶持计划、市级公共技术服务平台提升扶持计划、高技术产业化扶持计划、仿制药质量和疗效一致性评价扶持计划、新产品新技术示范应用推广扶持计划、国际市场准入认证扶持计划、高端论坛和展会扶持计划(详见附件1),重点支持精准医疗、医学工程、医药、生物农业、生物制造、照护康复领域(详见附件2)。同时,专业园区(产业基地)也对入园企业及产品有对应的支持计划,如坪山产业园区通过《深圳市坪山区关于加快科技创新发展的若干措施的实施办法(2017)》明确对生物企业取得GMP认证、临床批件、新药证书等给予奖励支持。

为扶持生物医药产业发展,青岛市在2018年出台了支持仿制药质量和疗效一致性评价政策,2019年出台支持"蓝色药库"开发计划政策。相比深圳,青岛市的政策出台时间较迟且不够完备,迫切需要制定完善从新药研发、产业化、项目投资、市场销售等覆盖全产业链的生物医药支持政策。

（三）生物医药产业服务体系不够完善

目前，青岛缺乏服务产业发展的 GLP（药物临床前安全性评价机构）、CRO（药物临床试验机构）等服务机构，企业开展质量和疗效一致性评价、新药研发试验需要到北京、上海等进行。据介绍，研发平台、公共服务技术平台也将是深圳未来的政策支持着力点。

（四）科研成果难以转化成产品和产业

长期以来，青岛高度重视对高校科研院所等研究机构的引进和培育，集中了海洋领域最多的高校科研院所、重点实验室以及科研人才，但是绝大多数海洋生物医药科研成果和基础科学研究，很难转化成产品和产业，青岛在海洋生物医药领域得天独厚的资源禀赋与其应有的贡献不相匹配。

三、青岛市生物医药产业发展的建议

生物医药的研发具有风险高、投入大、周期长的特点，需要吸引大企业落户青岛，鼓励企业提前介入新药的开发，加快科技成果产业化。有侧重地选择几个技术领域作为突破口，形成青岛市生物医药产业的特色。

（一）改革科技计划管理体系及评价机制

制订科技计划管理改革方案，支持龙头企业联合高校院所，建立生物医药创新联合体，形成协同创新机制。以成果转化、产业落地为主要评价标准，通过"研发实力＋龙头企业"的结合，实现产业落地。

（二）加快"蓝色药库"成果转化和产业化

强化与本市企业的对接，对青岛本地企业承接的"蓝色药库"新药开发项目，给予相应的经费配套支持；加大市级引导基金的支持力度，将中国"蓝色药库"开发基金作为青岛市重点推进的产业基金并予以政策支持。

（三）多措并举加快产业聚集

完善"双招双引"政策，加大"双招双引"攻势，加快引进有行业影响力的跨国公司、研发机构和科技服务机构，提高青岛市先进技术承接能力。采取减税降费等措施，支持医药企业加大研发投入。在符合规划的前提下，加大土地定向供给力度，对重大生物医药产业项目，优先保障项目落地。

参考文献

[1] 周轶昆.深圳生物医药产业发展战略研究[J].中国经济特区研究,2014(1):99-107.

[2] 陈文俊,彭有为,贺正楚,等.中国生物医药产业发展水平综合评价及空间差异分析[J].财经理论与实践,2018,39(3):147-154.

[3] 王欢芳,张幸,宾厚,等.基于生态位适宜度的中国生物医药产业集聚测度研究[J].西部经济管理论坛,2019,30(2):74-84.

附件1 深圳市生物医药产业计划类别及资助标准

	计划类别	资助形式
1	市级工程研究中心提升扶持计划	事前资助,最高不超过500万元
2	市级公共技术服务平台提升扶持计划	事前资助,总投资的40%给予资助,最高不超过500万元
3	高技术产业化扶持计划	(1)高技术产业化股权资助方式:资助资金分为财政股权资金和直接资助资金两部分,合计最高不超过3 000万元。财政股权资金为社会专业股权机构投资资金的50%,最高不超过1 500万元。直接资助资金按总投资的20%给予资助,最高不超过1 500万元 (2)高技术产业化贷款贴息方式:最长不超过3年,为贷款利息总额的70%,最高不超过1 500万元 (3)高技术产业化事后资助方式:总投资的20%予以事后资助,最高不超过1 500万元
4	仿制药质量和疗效一致性评价扶持计划	事后资助。同品种全国前三家通过一致性评价的药品50%费用给予资助,最高不超过500万元;其他通过一致性评价的药品30%费用给予资助,最高不超过500万元
5	新产品新技术示范应用推广扶持计划	事后资助。 (1)对化学药品(第1.1、1.2类)、生物制品(第1类)、中药及天然药物(第1类),进入Ⅰ、Ⅱ、Ⅲ期临床试验以及取得药品注册许可并上市销售的,分别最高不超过200万元、300万元、500万元、1000万元;对委托本地临床试验CRO机构组织或在本地医疗机构开展临床试验的,资助上限再分别提高200万元 (2)对化学药品(第1.3~1.6类及第2类)、生物制品(第2~5类)、中药及天然药物(第2~6类),进入Ⅰ、Ⅱ、Ⅲ期临床试验的以及取得药品注册许可并上市销售的,分别最高不超过100万元、200万元、300万元、500万元;对委托本地临床试验CRO机构组织或在本地医疗机构开展临床试验的,资助上限再分别提高100万元 (3)对完成临床试验并取得注册证的医疗器械,40%给予资助,二类医疗器械最高不超过300万元,三类医疗器械最高不超过500万元。
6	国际市场准入认证扶持计划	事后资助,最高不超过500万元
7	高端论坛和展会扶持计划(2018)	事后资助。高端论坛扶持项目全额资助,最高不超过300万元。展会活动扶持项目的50%费用给予资助,最高不超过300万元

附件 2 深圳市生物医药产业重点支持领域

重点支持领域	内 容
精准医疗	生命信息采集、计算、分析等关键设备和配套产品,以及生命科学合同研发服务和基因组、蛋白质组、代谢组等生命信息服务等;免疫细胞治疗、基因治疗、个性化用药等个体化治疗服务;健康干预、慢病管理、心理健康咨询等特色健康管理服务,以及数字化健康管理设备和产品等
医学工程	重点支持医学影像设备、先进治疗设备、医用检查检验仪器、植介入产品、移动医疗设备等
医 药	重点支持新型疫苗、生物技术药、化学药品与原料药、现代中药等
生物农业	重点支持生物育种,生物农药,生物肥料,生物饲料,生物兽药、兽用生物制品及疫苗等
生物制造	生物化工产品、特殊发酵产品、海洋生物活性物质及生物制品等
照护康复	老年人用便携式医疗设备、照护康复产品和服务信息网络,专业康复训练器材与辅助器具、残疾人专用保健用品、义肢及矫形产品

编 写:朱延雄

审 稿:谭思明 王云飞

推动青岛海水淡化膜材料产业化的对策与建议

海水淡化是海水综合利用的主体,是国家重点发展的高新技术。目前我国海水淡化已经初具规模,但其发展仍受制于一些政策和技术瓶颈,造成海水淡化成本高,不能够大规模推广,不能充分发挥海水淡化解决我国沿海经济发达地区水资源短缺的潜力。技术瓶颈中,膜材料居于首位。

海水淡化膜材料的核心是反渗透膜,目前在全球处于寡头竞争格局,我国不掌握先进技术。虽然国产反渗透膜在民用领域已经可以替代进口,但在高端海水淡化领域,因原材料、设备、工艺等原因,制出的膜片稳定性不够,产品整体上还不够成熟,与世界先进水平有一定差距。国内反渗透膜很难拿到海水淡化大项目的订单,多应用在中小型项目上;国内现有海水淡化工程大多数也是采用国外产品。反渗透膜材料国产化率低,是我国海水淡化成本高的直接原因之一。2017年中国反渗透膜竞争力排行榜(表1),国外高端品牌占绝对优势。

表1　2017年中国市场反渗透膜企业竞争力排行榜

排　名	企业简称	产品销量(40%)	技术实力(30%)		品牌影响力(30%)		综合评分
		出货量(40%)	产品质量占比(15%)	研发投入占比(15%)	市场占有率(15%)	客户认可度(15%)	
1	陶氏化学(美国)	95	100	80	90	100	93.5
2	日东电工(日本)	90	100	70	90	100	90
3	东丽(日本)	85	90	80	80	90	85
4	GE(美国)	80	80	80	80	90	81.5
5	世韩(韩国)	70	80	70	80	80	74.5
6	LG化学(韩国)	70	80	80	70	70	73
7	科氏(美国)	70	80	70	70	70	71.5
8	时代沃顿(中国贵阳)	70	70	70	60	70	68.5
9	蓝星膜(中国杭州)	60	70	70	60	60	63
10	惠灵顿(中国镇江)	60	60	60	60	60	60

数据来源:高工产研膜材料研究所(GGII)。

二、海水淡化反渗透膜材料应用前景广阔

我国是全世界最大的反渗透膜消费国,2017 年市场规模为 45 亿元,近几年增长率都在 20% 左右,预计 2020 年将达到 85 亿元。除了海水及苦咸水脱盐,海水淡化反渗透膜材料在工业废水、垃圾渗滤液处理等方面都有广阔应用前景。但目前市场基本被外资垄断,国产反渗透膜仅有 10% 占有率。面对这种局面,我国急需在先进反渗透膜材料研发及产业化上取得突破。

三、现阶段我国海水淡化行业投资不足制约反渗透膜材料研发及产业化

(一)海水淡化行业发展缓慢,投资不足

目前海水淡化的成本高于自来水,因国家的水价政策不到位等原因,现阶段国内海水淡化产业发展缓慢,一些工程不能开工或满负荷运行,市场有限,直接导致相关材料、设备领域的投资减少。

(二)反渗透膜材料制造企业实力较弱,研发投入少

海水淡化反渗透膜是高科技产品,研发创新需要雄厚资金。目前国内企业大多数规模较小,资金实力较差。因研发需要不断试验,大量原材料报废,费用很高,而且市场需求量低,企业不愿意拿出大量资金用于研发,只能把低质量产品投向市场;几家大企业(如时代沃顿、碧水源等)在国外品牌的挤压下靠价格和服务打拼市场,整体实力、研发投入相比行业巨头都有差距。虽然国内反渗透膜生产企业不少,但高品质产品太少,质量无法实现质的突破。

(三)技术创新成果转化与产业化困难,人才队伍薄弱

由于缺乏资金支持,大学、科研机构的技术创新成果转化和产业化都比较困难。由于投资跟不上,也造成行业内人才队伍薄弱,高端人才稀缺。

四、青岛市具备发展高端反渗透膜材料的基础,但产业化仍存在诸多问题

青岛市的海水淡化在全国占有重要地位,技术研究、产业化和推广应用都取得了可喜成果,已初步形成产业集聚。但是海水淡化产业链的上游核心——反渗透膜材料,青岛依然没有自己的品牌与规模制造企业,如国内最大的青岛百发海水淡化厂采用日本东丽的反渗透膜元件;董家口海水淡化厂用的是碧水源反渗透膜产品与组件。如果这方面取得突破,就可以抓住产业链的顶端,带动提升青岛海水淡化做大做强。其实,青岛已具备发展海水淡化反渗透膜材料的一些重要基础条件,如人才、研发机构、创新平台等,主要问题是在资金投入、政策支持、协同创新、产业化培育等方面缺乏力度。

(一)基础条件较好,拥有一批有实力的研发创新力量

1. 研发机构与人才团队

中国石油大学(华东)膜技术研发团队:以牛青山教授(著名华裔科学家,美国陶氏化学亚太研发中心首席科学家)为首,目前已拥有副教授 3 人,讲师 2 人,全职博士后 2 人,博士和硕士研究生 30 余人。承担的科研项目有 20 余项,在特种耐酸反渗透膜、高压反渗透膜和高选择性纳滤膜方面均取得了明显的突破。已发表论文、申请专利 50 余篇。

天津大学青岛海洋工程研究院海水淡化研究所:该研究所汇集了目前国内一些知名海水淡化专家学者,其中国家级人才项目专家 1 位,教授科研团队 3 个,共 20 余人,致力于将海水淡化研发成果转化,打造产学研合作示范性项目,目前拥有膜与膜技术、海水淡化反渗透膜制备实验室。

中国海洋大学化学化工学院:高从堦院士团队在膜分离和海水利用研究方面在国内有一流实力。在基于石墨烯和碳纳米管的反渗透膜设计及制备研究、反渗透膜和纳滤用复合膜方面有一定进展,承担了

"国家自然科学基金""863 计划"等重要项目。

此外还有青岛大学杂化材料研究院、青岛农业大学化学与药学院有机化学教研室在膜分离杂化材料、高分子聚合物膜分子模拟方面有一定的研发力量。

2. 创新平台

2016 年 8 月成立的"青岛市膜技术创新膜技术国际创新产业联盟"汇集了 15 家驻青海水淡化技术研发、工程设计施工企事业单位,旨在建立长期战略合作,实现资源整合,协同创新解决共性技术瓶颈,推动产业结构升级和行业人才培养。

3. 相关企业

目前青岛市共引进了 3 家反渗透膜生产企业,分别是日东(青岛)研究院有限公司(日本)、三泰(青岛)膜科技有限公司(新加坡)、青岛水务碧水源科技发展有限公司。其中日东(青岛)研究院是全球反渗透膜三大品牌之一的日本日东电工在中国唯一的全新研发创新与技术转移平台,该研究院选择落户青岛,是看好山东、青岛在中国海水淡化产业中的战略地位,意图以青岛为中心辐射中国市场;三泰(青岛)是三泰环境集团研发成果转产业化的重要生产基地,在膜材料、制膜技术设备等领域属国际先进水平;青岛水务碧水源是青岛水务集团与北京碧水源公司的合资企业,采用碧水源的技术,计划在董家口经济区建海水淡化膜生产研发基地,年产 200 万平方米反渗透膜,目标是成为国家级海水淡化膜材料应用和示范基地。

其次,青岛市目前有 6 座海水淡化厂,以及青岛华欧海水淡化有限公司、青岛中亚环保工程有限公司、南车华轩水务有限公司等海水淡化设备运营、预处理、膜产品检验检测企业,将为海水淡化反渗透膜研发、应用推广等提供有利条件。

(二)研发创新及产业化支持力度不够

1. 资金不足

目前青岛市的反渗透膜研发机构虽然获得了一些政府科研项目资助,但相对于技术创新的需要,特别是成果转化和产业化所需的资金支持,仍然显得非常薄弱。由于资金问题,也造成青岛市的一些膜技术创新成果外流,无法在本地产业化。

2. 相关政策缺乏可操作性

目前青岛市已将海水淡化列入国民经济和社会发展、区域建设、水资源管理规划中,并出台了工作推进计划,但多停留在宏观政策层面,在海水淡化科技研发、成果转化、产业化等方面缺乏可操作的具体方案和措施。

3. 研发力量分散

青岛市现有的几个反渗透膜材料研发机构与团队隶属于不同的组织系统,各自为战,研究方向不一,发展路径有异,没有统一的组织形式,难以形成合力、集中力量解决海水淡化反渗透膜材料的技术瓶颈,推动青岛海水淡化膜材料走向产业化。

4. 海水淡化反渗透膜制造规模小、工程项目的支持不够

目前一些海水淡化反渗透膜研发成果只在实验室里小批量制备销售,未实现规模化生产,没有品牌效应;获得工程项目应用的机会也很少,较难取得全面可靠的运行数据和实践评价,不利于进一步创新改进和应用推广。

五、对策建议

(一)加大海水淡化水的应用推广

加大淡化水的应用推广,是推动海水淡化市场的关键,也是反渗透膜技术产业发展的根本动力。目

前水资源短缺已成为制约青岛市经济社会可持续发展的瓶颈之一，特别是在干旱少雨的年份缺水形势更加严峻，一些地区实施限时供水，企业限产停产。未来新增用水特别是工业用水的增长将进一步加大用水压力，不同领域竞争性用水矛盾日益突出。大力发展海水淡化产业，已成为有效缓解青岛市水资源短缺、保障供水安全的现实选择。政府应尽快着力解决淡化水应用推广的障碍，如水电价格、专用输水管道等问题。

（二）加快研究制定推进海水淡化膜技术研发与产业化措施方案

政府应充分认识膜材料研发与产业化对于青岛发展海水淡化的重要性，加快研究制定具有可操作性的推进方案与措施，包括加大财政支持力度、完善税收优惠政策，支持青岛本地研发创新成果尽快获得工程项目应用等。

（三）设立产业基金

针对目前海水淡化膜材料产业化最突出的资金问题，建议政府引导设立产业基金。以政府投资作为启动引导资金吸纳民间投资，按照产业基金运作模式筹集资金，使技术含量高、产业化前景好的膜技术创新成果转化获得融资渠道。

（四）成立膜技术产业研究院

反渗透膜技术作为 21 世纪最为引人注目的新型分离技术之一，在资源、环境等重大需求领域有着非常广阔的应用前景。针对目前青岛市海水淡化膜材料研发及产业化中的资源配置问题，建议政府成立青岛市膜技术产业研究院，作为支持开展海水淡化膜材料技术创新、创新资源整合、技术成果扩散、产业化投融资等的公共服务平台。

（五）支持建立产业化基地

支持中国石油大学（华东）、天津大学青岛海洋工程研究院海水淡化研究所等单位的膜技术研发团队，联合青岛市相关研究机构和企业，开展海水淡化膜材料技术研究攻关，建立试验—中试—产业化基地，实现新技术、新产品的突破及其规模化制造。

参考文献

[1] 杨昆，黄泳权. 膜市场行业观察　中国反渗透、超滤膜市场竞争和品牌营销研究[J]. 流程工业，2012（8）：12-14.

[2] 刘冬林，王海锋，庞靖鹏，等. 我国海水淡化利用模式分析[J]. 河海大学学报（哲学社会科学版），2012，14（3）：62-66，91.

[3] 王佳鑫，刘丰珩，张国辉. 青岛市海水淡化发展思路及建议[J]. 城镇供水，2018（1）：19-22.

编　写：张卓群
审　稿：谭思明　王春莉

青岛市高端装备制造产业发明专利创新能力及对策建议

为提升"青岛制造"的核心竞争力,青岛市政府印发的《〈中国制造 2025〉青岛市行动纲要》中,提出高端装备制造产业的目标之一是做大做强五大特色高端装备制造业;青岛市工信局于 2019 年发布的《青岛市"高端制造业＋人工智能"攻势作战方案(2019—2022 年)》中,再次强调提升本地研发能力的问题。以专利数据为基础的专利指标能定量衡量一个产业或地区的技术创新状况。青岛市科学技术信息研究院(青岛市科学技术发展战略研究院)以中国专利数据库为基础,根据国家 2018 年战略性新兴产业分类标准,统计分析了青岛市与其他副省级城市近三年高端装备制造产业发明专利,从数据层面反映了青岛市高端装备制造产业专利创新活动的特点以及优势和存在的不足,在此基础上提出:完善高端装备制造产业政策细则,提升专利创造能力;巩固优势产业,促进专利转移转化;激发企业创新活力,加强龙头企业引领作用;发挥区域优势积极进行技术创新和专利布局;等等。这些对策建议供领导和有关部门参考。

一、2018 年青岛市高端装备制造产业专利创新活动特点

(一)青岛市高端装备制造产业发明授权量排位第 8,增速为负,企业授权量及占比排位分别为第 9 和第 10 位,三者均低于副省级城市平均水平

2018 年,副省级城市高端装备制造产业发明专利授权总量为 11 246 件。从数量看,青岛授权量为 667 件,在副省级城市排位第 8,占本市九大战略性新兴产业专利授权总量的 12.8％。深圳排位第 1,有 1 365 件,约是青岛的 2 倍。从增速看,2018 年青岛同比增长率为－5.9％,低于副省级城市平均水平;而深圳增速为 15.9％,极大地高于青岛。详情如表 1 所示。

从申请人类型(如表 2 所示)看,2018 年青岛企业授权量为 305 件,占全市总量的 45.7％,占比居副省级城市第 9 位,深圳企业授权量为 1 198 件,占比为 85.9％,居副省级城市第 1 位。青岛高校授权专利占总量的 36％,科研院所占 10.8％,占比分别居副省级城市第 10 和第 3 位。

表 1　2016—2018 年高端装备制造产业发明专利授权量副省级城市分布(单位:件)

城　市	2016	2017	2018	2018 同比增长率
深　圳	969	1 178	1 365	15.9％
南　京	936	1 271	1 186	－6.7％
杭　州	792	1 038	1 055	1.6％
广　州	632	877	1 042	18.8％

城　市	2016	2017	2018	2018 同比增长率
西　安	869	1 053	1 038	−1.4%
武　汉	681	975	973	−0.2%
成　都	739	866	965	11.4%
青　岛	674	709	667	−5.9%
宁　波	559	668	606	−9.3%
哈尔滨	644	798	566	−29.1%
济　南	419	523	472	−9.8%
沈　阳	538	548	433	−21.0%
大　连	345	396	372	−6.1%
长　春	261	342	336	−1.8%
厦　门	139	201	170	−15.4%
青岛排名	7	9	8	8

表 2　2018 年副省级城市高端装备制造产业发明授权专利申请人类型统计

城　市	企　业	高　校	科研院所	个人和其他	授权量合计	企业占比	高校占比	科研院所占比	个人和其他占比
深　圳	1 198	66	55	76	1 395	85.9%	4.7%	3.9%	5.4%
广　州	611	355	68	52	1 086	56.3%	32.7%	6.3%	4.8%
杭　州	539	474	35	34	1 082	49.8%	43.8%	3.2%	3.1%
成　都	538	377	59	39	1 013	53.1%	37.2%	5.8%	3.8%
武　汉	525	390	64	31	1 010	52.0%	38.6%	6.3%	3.1%
南　京	497	633	39	57	1 226	40.5%	51.6%	3.2%	4.6%
宁　波	494	62	19	36	611	80.9%	10.1%	3.1%	5.9%
西　安	415	550	76	33	1 074	38.6%	51.2%	7.1%	3.1%
青　岛	305	240	72	50	667	45.7%	36.0%	10.8%	7.5%
沈　阳	248	119	55	20	442	56.1%	26.9%	12.4%	4.5%
济　南	242	187	28	39	496	48.8%	37.7%	5.6%	7.9%
大　连	154	192	15	19	380	40.5%	50.5%	3.9%	5.0%
哈尔滨	133	411	10	22	576	23.1%	71.4%	1.7%	3.8%
厦　门	110	45	8	10	173	63.6%	26.0%	4.6%	5.8%
长　春	76	212	44	7	339	22.4%	62.5%	13.0%	2.1%
青岛排名	9	8	2	4	8	10	10	3	2

（二）青岛市智能制造装备产业和海洋工程装备产业是技术创新的主要领域，各产业专利增速均为负

如图 1 所示，2018 年，青岛市智能制造装备产业授权专利 353 件，占本市高端装备制造产业总授权量的 50.6%；海洋工程装备产业授权专利 209 件，占比 29.9%。仅这两个领域的授权专利已占全市该产业专利授权总量的 80.5%。轨道交通装备产业占比 14.5%。卫星及应用产业和航空装备产业的专利合计占比 5%。从图 2 授权专利年度变化趋势看，这些技术领域授权专利均为负增长，详情如表 3 所示。

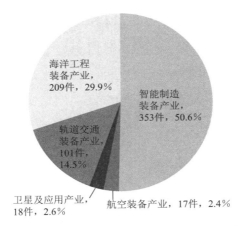

图 1　2018 年青岛市高端装备制造产业二级分类技术领域专利分布

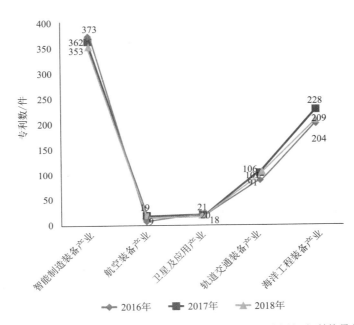

图 2　2016—2018 年青岛市高端装备制造产业二级分类技术领域授权专利数量年度变化趋势

表 3　青岛市高端装备制造产业二级技术领域发明授权专利数量同比增长率（％）

二级分类	2017 年	2018 年
智能制造装备产业	−2.9	−2.5
航空装备产业	111.1	−10.5
卫星及应用产业	5.0	−14.3
轨道交通装备产业	16.5	−4.7
海洋工程装备产业	11.8	−8.3

（三）企业和高校专利授权量合计占青岛市高端装备制造产业的 81.7%，是该产业专利创造的主体

如图 3 所示，高端装备制造产业发明专利的主要申请人为企业，占高端装备制造产业授权专利总量的 45.7%，高校占 36.0%，科研院所占 10.8%，其他申请人占 7.5%。

排名前 10 位的机构中，有 2 家企业、5 所高校、3 家研究所，高校的发明授权专利数量有较大优势，如

表 4 所示。中国石油大学(华东)居首位,授权专利 112 件;中车青岛四方机车车辆股份有限公司位列第 2 位,授权专利 59 件;山东科技大学列第 3 位,授权专利 51 件。

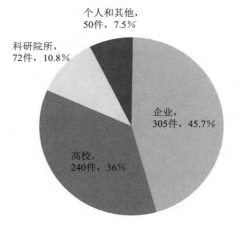

图 3 2018 年青岛市高端装备制造产业专利申请人类型分布

表 4 青岛市高端装备制造产业授权量排名前 10 位专利申请人

排 名	单位名称	申请人类型	授权专利数量/件
1	中国石油大学(华东)	高 校	112
2	中车青岛四方机车车辆股份有限公司	企 业	59
3	山东科技大学	高 校	51
4	中国海洋大学	高 校	27
5	青岛理工大学	高 校	22
6	山东省科学院海洋仪器仪表研究所	科研院所	18
7	中车青岛四方车辆研究所有限公司	企 业	17
8	青岛海洋地质研究所	科研院所	16
9	青岛科技大学	高 校	14
10	自然资源部第一海洋研究所	科研院所	13

（四）黄岛区的高端装备制造产业专利技术创新能力排在全市前列,合计授权量占全市的 33.4%

如图 4 所示,2018 年,黄岛区高端装备制造产业授权专利 223 件,占 33.4%,崂山区、城阳区的授权专利量占比为 18.1% 和 17.5%,这三个区合计占比达 69%。莱西市和平度市授权专利最少。排名前 3 位的区市中,黄岛区和崂山区在智能制造装备和海洋装备制造领域有明显优势,城阳区在轨道交通装备和智能制造装备领域优势明显,如表 5 所示。

如图 5 所示,黄岛区高校专利授权量占明显优势,中国石油大学(华东)和山东科技大学授权专利合计占本区该产业授权专利总量的 72.6%。崂山区高校和企业是授权专利的主体,中国海洋大学、青岛科技大学、自然资源部第一海洋研究所的专利合计占 41.3%。城阳区的企业授权专利量占绝对优势,中车青岛四方机车车辆股份有限公司专利占 50.4%。

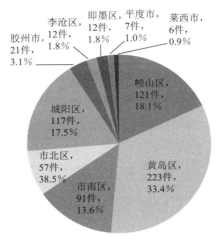

图4　2018年青岛各区市高端装备制造产业专利申请人类型分布

表5　2018年青岛各区市高端装备制造产业二级技术领域授权专利数量

区　市	智能制造装备产业	航空装备产业	卫星及应用产业	轨道交通装备产业	海洋工程装备产业	专利数量合计／件
黄岛区	116	3	5	2	105	223
崂山区	68	4	8	6	46	121
城阳区	45	4	2	64	4	117
市南区	44	4	2	2	48	91
市北区	32	1		22	3	57
胶州市	21					21
即墨区	9		1	1	1	12
李沧区	9	1			2	12
平度市	6			1		7
莱西市	3			3		6

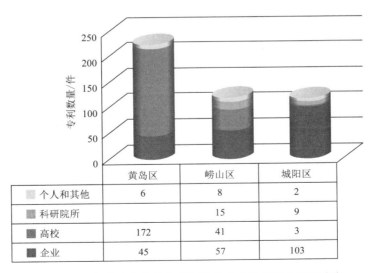

图5　2018年青岛市高端装备制造产业专利申请人类型分布

二、青岛市高端装备制造产业专利创新值得关注的问题

（一）专利总量低，增速迟缓，产业创新能力不足

从专利授权情况看，青岛市高端装备制造产业的创新能力严重不足。一是发明授权专利数量少。2018 年青岛专利授权量与排名首位的深圳相比差距巨大，深圳授权专利约是青岛的 2 倍。二是专利数量呈负增长态势。2018 年青岛同比增长率为 −5.9%，低于副省级城市平均增速 4.2 个百分点，低于深圳增速 21.8 个百分点，差距不断加大。

（二）各技术领域的专利创新能力差距较大

2018 年，青岛市高端装备制造产业 5 个技术领域的专利授权量差别较大。智能制造装备领域有绝对优势，占青岛市该产业专利总授权量的 50.6%，海洋工程装备领域和轨道交通装备领域相对较好，这 3 个领域合计授权量占 95%。卫星及应用和航空装备领域的专利数量较少，合计授权量仅占 5%。

（三）科研基础雄厚，企业专利授权数量偏少，创新活力不够

2018 年，青岛市企业授权量占比远低于深圳的企业授权量占比（85.9%）。龙头企业数量较少，排名前 10 位的机构中，以高校院所和科研院所居多，8 所高校和科研院所的合计授权量占 78.2%，2 家企业授权量占 21.8%。以上数据显示，青岛市高端装备制造产业的企业技术创新能力亟待提高。

（四）各区市专利技术创新能力强弱不均，发展不均衡

2018 年，黄岛、崂山和城阳的专利授权量相对较多，3 个区合计授权量占比达 69%，且技术创新主要集中在智能制造装备、海洋装备制造和轨道交通装备领域。市南、市北 2 个区的专利授权比较活跃，合计授权量占 22.1%。胶州、即墨、李沧、莱西、平度五个区市的技术创新相对欠缺，合计授权量仅占全市的 8.9%。

三、对策建议

（一）完善高端装备制造产业政策细则，提升专利创造能力

借鉴深圳等城市的经验，结合《〈中国制造 2025〉青岛市行动纲要》，制定和完善产业扶持计划及配套细则，提升青岛市高端装备制造产业专利创造能力。采取财政政策扶持等有效措施，激励和引导企业和研发机构有针对性地申请或引进高质量专利，构筑知识产权优势，促进专利数量与专利质量的同步提高，打造青岛高端装备制造产业创新高地。

（二）巩固优势产业，促进专利转移转化

以青岛市高端装备制造产业入选国家首批战略性新兴产业集群名单为契机，巩固青岛在智能制造装备、海洋装备制造和轨道交通装备等领域的优势。高质量精准化开展"双招双引"工作，加强紧缺高端人才、技术、专利等的引进，促进青岛市知识产权运营公共服务平台的高效运行，推动青岛市产业集聚区知识产权运营服务体系建设，积极促进专利成果的转移转化。

（三）激发企业创新活力，加强龙头企业引领作用

青岛市企业的高端装备制造产业授权专利数量较少，建议扶持重点领域和企业，并联合中车四方等龙头企业加大创新和专利申请投入，激发中小企业知识产权创造和运用的积极性，鼓励产学研合作，加快自主创新成果产业化，突破一批关键技术和核心部件的研究瓶颈，提高专利产出量和转化率，实现高端装备的工程化、产业化应用，形成龙头企业引领、中小企业集聚的专利创新格局。

（四）发挥区域优势，积极进行技术创新和专利布局

各区域对高端装备制造产业的专利技术创新能力发展的支持力度不均衡。各区市要依据各自的产业基础、区位条件等，结合地区优势产业、特色产业有针对性地进行布局，注重差异化、特色化发展，完善产学研一体化发展链条，并增强区市间的协同能力。

参考文献

[1] 王兴旺. 高端装备制造产业创新与竞争力评价研究——以上海海洋工程装备产业为例 [J]. 科技管理研究, 2018 (11): 36-40.

[2] 陈露，褚淑贞. 江苏省战略新兴产业竞争力实证分析 [J]. 现代商贸工业, 2016, 37 (10): 8-10.

[3] 谢黎. 战略性新兴产业竞争力评价方法探讨 [J]. 统计与决策, 2015 (15): 60-62.

编　　写：尤金秀

审　　稿：谭思明　李汉清　赵　霞

青岛市生物医药产业高质量发展对策建议

生物医药产业是 21 世纪创新最为活跃、影响最为深远的新兴产业,是我国战略性新兴产业的主攻方向之一。中国生物医药产业集聚化程度趋高,生物医药公司研发投入持续增加,创新药、仿制药、一致性评价成为重点投放领域。信息技术(IT)与生物技术(BT)的结合是生物医药行业的第三次革命。青岛市必须加快进入一类药研发级别,走高质量发展之路。本文选取深圳市、成都市、泰州市 3 个地级市作为对标城市,在生物医药产业领域与青岛市做多维度对比分析。

一、生物医药产业区域发展差异分析

(一)生物医药产业规模悬殊

从产业总体规模来看,4 个城市的生物医药产业规模悬殊。

深圳市生物医药产业生产总值最高,2018 年实现产值 2 800 亿元,且深圳市的生物医药产业增速高达 25%,在全国地级市中排名最高,生物医药产业极具发展潜力。泰州市 2018 年生物医药产值为 1 156.2 亿元,增速达到 17.1%,产业生产总值在 GDP 中也占有较高比重,接近 20%,远高于其他城市。成都市生物医药产业实力也很强,2018 年产业规模为 631.8 亿元,全市药品企业 2 693 家,产业呈现良好发展态势。

与深圳市、成都市、泰州市相比,青岛市生物医药产业规模最小,产业增速也最低。2018 年规模以上生物医药企业实现产值 138 亿元,同比增长 16%。

(二)空间集聚程度各不相同

从 4 个城市的生物医药产业集聚状况来看,泰州市生物医药产业空间集聚程度最高,全市 90% 以上的生物医药企业均分布在泰州市高新区内的中国医药城。深圳市生物医药产业集聚程度也很高,形成了"双核多中心"产业布局,"双核"即坪山国家生物产业基地和国际生物谷,"多中心"即南山医疗器械产业园、光明现代生物产业园等特色园区。成都生物医药产业聚集度稍弱,产业发展呈现"一核多园区"格局,以高新区为核心,国际医学城、海峡两岸科技产业园、中国西部健康产业园等特色园区并行发展。

青岛有全国唯一的海洋特色国家生物产业基地,崂山区为基地的核心区,聚集了黄海制药、银色世纪、蔚蓝生物、博益特生物等一批知名企业。此外,还相继规划建设了高新区蓝色生物产业园、中德生态园、即墨生物医药产业园等以生物医药为重点的园区。生物医药产业发展多点开花,然而过于分散,产业集聚优势不明显。

（三）深圳泰州产业优势明显

从生物医药产业的发展来看，4 个城市的表现大相径庭，各有特色。

泰州市生物医药产业链最为完善，规模以上生物医药企业 55 家，生物医药高新技术企业 43 家，拥有扬子江药业、济川药业、苏中药业 3 家全国医药工业百强企业。

深圳市生物医药产业链较完整，在基因检测、生物信息、医学影像等细分领域具领先优势，在生物疫苗、干细胞等细分领域拥有华大基因、迈瑞医疗、海王生物、海普瑞药业、翰宇药业、北科生物等一批国家级龙头企业和创新型企业。

成都市生物医药产业尚未形成完整产业链，医药产业中化学药、特色原料药、生物药和中药占据产业较大比重，药品领域集聚了倍特药业、科伦药业、地奥集团等一批知名企业以及先导药物开发等创新型研发企业。

青岛市在创新药物、生物制品、仿制药方面的发展成效明显，特别是海洋生物医药具有明显优势，是国家重要的海洋特色生物医药产业基地。但生物医药产业整体实力仍然很弱，产值过 10 亿元的企业仅有 4 家，医药企业普遍存在小而散的问题，产业发展缺乏龙头企业和大项目带动，未真正形成产业链。

（四）深圳市创新资源最为丰富

在创新资源方面，深圳市的优势远远高于其他 3 个城市（表 1）。深圳市拥有丰富的创新资源：创新载体 319 家，高端人才团队——孔雀团队 38 个，国家级人才项目专家 32 名，高层次医学团队 73 个。深圳还建有诺贝尔奖获得者领衔的实验室，如劳特伯生物医学成像研究中心、兰迪·谢克曼国际联合医学实验室等。依托各类创新主体，深圳市生物医药领域创新能力不断提升。

表 1 各城市创新资源情况对比

城 市	创新载体	人 才	企 业
深 圳	319 家，其中国家级 21 家	孔雀团队 38 个、国家级人才项目专家 32 名、高层次医学团队 73 个	1 800 余家
成 都	60 余家	国务院特殊津贴专家 38 人，两院院士 11 人，全国老中医药专家学术经验继承人 64 人，诺贝尔奖团队 5 个，高端人才 547 人	2 693 家药品企业
泰 州	70 余家	国家级人才项目专家 50 余人	9 家全球知名跨国制药企业，900 多家国内外医药企业
青 岛	37 家	两院院士 6 人，高层次人才团队 2 个	200 余家

成都市和泰州市的创新资源集聚度难分上下，城市聚集创新要素、增强创新的能力都一直在加快提升。成都市拥有 60 多所医药专业高等院校及科研机构，集聚各类高端人才 540 余人。泰州市集聚 9 家全球知名跨国制药企业和 900 多家国内外医药企业，集聚国内外高校和科研机构 70 多家，国家级人才项目专家 50 余人。

青岛市在创新资源方面依然处于弱势。青岛市生物医药领域创新载体有 37 家，其中，与生物技术有关的高校和科研机构 11 所，各级重点实验室 17 个，生物工程技术研究中心 9 个。青岛市生物医药领域拥有两院院士 6 人，高层次人才团队 2 个，企业 200 余家。

二、存在问题与原因分析

（一）缺少龙头企业带动发展

目前，全市仅有华仁药业、黄海制药、正大海尔、易邦生物 4 家企业产值过 10 亿元。2018 年，青岛规模以上医药企业产值不及齐鲁制药一家企业的产值,产业发展缺乏龙头企业和大项目带动,未真正形成产业链。作为创新主体的医药企业小而散,如全市医药产业集聚度最高的高新区,目前拥有研发生产企业 100 余家,但仅有 11 家规模以上企业,年产值仅 22 亿元,因此创新内生动力不足。

(二)生物医药产业集聚度不高

青岛生物医药产业分布在崂山区、高新区、黄岛区、即墨区。崂山区建有海洋生物医药产业园,高新区建有蓝色生物医药产业园,黄岛区依托中德生态园、中英创新产业园生命科学和健康产业孵化器建设海洋生物医药、生物制品研发基地,即墨区鳌山湾则在建设海洋生命健康城。青岛市生物医药产业规模比较小,又在 4 个区分散布局,且园区产业定位、发展方向和发展模式缺乏明确的区分,导致产业集聚效应尚未显现。

(三)生物医药研究成果转化困难

青岛市海洋生物技术研究主要集中在驻青高校和科研院所,缺乏有效整合,重复研发现象较为突出。海洋生物医药产业化进程缓慢,研发—中试—产业链对接机制不健全,公共专业孵化器不够成熟,本地企业实力不强、承接能力不足,重大技术成果产业化率不高,科研优势转化为产业优势尚需时日。截至目前,仅有心脑血管药藻酸双酯钠(PSS)和转移到上海绿谷制药的阿尔茨海默病药物 GV-971 等具有显著社会效应和经济效益的海洋药物,其他如甘糖酯、海麟舒肝等品种规模小,未形成明显市场影响力,科研成果转化难度可想而知。

(四)生物医药领域高端应用型人才缺乏

青岛市生物医药领域人才大部分从事基础研究工作,集中在驻青高校和科研院所,具有研发背景、转化及运营能力的复合型领军人才严重不足。比如,在海洋药物领域,兼有药学、医学知识的研究人员不到 20%,且能进行技术经济分析、市场预测的人员更少,交叉学科的应用型人才紧缺。人才引进在配套教育、子女入学等政策的落实方面尚存在困难。

三、发展建议

(一)鼓励培育龙头企业,带动行业配套发展

龙头企业经营管理水平高,关联配套企业多,抵御风险能力强,可以成为拉动地方优势产业、实现产业结构转型升级、形成产业集群的重要力量。生物医药产业发展更加需要行业组织与地方政府紧密合作,助推优势企业整合科研力量、生产资源、营销渠道,带动行业配套,改变多而小的品牌竞争局面,进而形成团体品牌优势,实现共赢。

(二)加快产业聚集,提升创新发能力

加强顶层设计,集中打造 1～2 个生物医药产业园区,汇聚研发机构和企业资源,提升研究机构、高校、新型科研单位、医药企业的研发能力。在符合规划的前提下,加大土地定向供给力度,优先保障重大生物医药产业项目落地。把握当前全球创新要素流动空前活跃的机遇,主动对接生物医药技术发达的国家和地区,加快建立以政府间战略性合作协议为基础、企业间多层次合作为支撑的国际生物医药科技创新合作平台,推动产业融入全球创新网络。

(三)创新产业扶持政策

完善促进生物医药产业发展的有关政策,给予医药产业土地规划、市政配套、机构准入、执业环境等政策扶持和倾斜。在深化落实支持仿制药一致性评价政策基础上,制定出台加快生物医药产业高质量发展的专项政策,在新药创制、项目引进、成果转化、市场开拓等方面建立财政资金支持体系。设立青岛生

物医药产业投资基金,重点扶持即将进入临床、已进入临床或已拿到新药批文的新药和创新医疗器械项目,以及生物医药产业园区建设。

(四)加强人才引进和培养

充分发挥青岛海洋科学与技术试点国家实验室、中国海洋大学、青岛海洋生物医药研究院等平台优势以及优越的政策环境优势,加强对海内外高层次创新人才的引进力度,切实解决高层次人才住房、购车、就医以及子女入学入托等具体困难。加强对本地技术人才的培养力度,加大对驻青医药类高校、院所的支持力度,将青岛打造成为我国生物医药高层次人才特别是海洋生物医药人才的培养基地。每年定向支持、引进、培养一批"蓝色药库"开发等生物医药产业急需的高端人才,在全国率先形成"蓝色药库"开发优势团队。

🌑 参考文献

[1] 青岛市发展和改革委员会.青岛市海洋生物医药产业发展规划(2013—2020)[R].2013.

[2] 青岛高新技术产业开发区管理委员会.青岛海洋生物医药特色产业基地发展规划[R].2014.

[3] 吴欣,魏博,陈立,等.厦门海洋生物医药产业发展分析及建议[J].海洋开发与管理,2014(10):48-53.

编　写:李汇简
审　稿:谭思明　李汉清　王淑玲

加快培育青岛市独角兽企业的对策建议

独角兽企业对引领产业新模式、调整经济结构有重要作用,其数量多寡被视为创新创业的晴雨表。2018 年《山东省政府工作报告》提出,要努力培育一批瞪羚企业、独角兽企业和科技型中小微企业;同年 4 月,山东省委省政府发布的《关于推进新旧动能转换重大工程的实施意见》提出,2022 年之前,实现培育瞪羚企业 300 家、独角兽企业 20 家的发展目标。

长城战略咨询最新发布的《2018 年中国独角兽企业研究报告》显示,青岛市有 4 家企业入榜,与北京、上海、杭州、深圳等城市入榜企业数量存在较大差距。如何打造有利于科技创新创业的政务环境,持续培育一批又一批独角兽企业,为青岛市优化产业发展布局、激发创新主体活力、增强新经济动力,是亟待解决的重要问题。

一、国内独角兽企业呈现出成长周期短、创新能力强、爆发集中的态势

对比 2016 年到 2018 年数据,国内独角兽企业数量、估值增长迅速(表 1)。从地域分布来看,北京、上海、杭州、深圳是主要集聚地,南京、广州、武汉、青岛等成为新兴集聚地。从行业分布来看,企业数量排名前 5 位的是互联网、IT、金融、娱乐传媒和电信及增值业务(表 2)。从估值区间分布来看,估值超过 100 亿美元的超级独角兽企业有 13 家,占 30.6%;估值在 10～30 亿美元的有 144 家,占 59%(表 3)。从成立时间来看,成立企业最多的年份为 2011 年、2012 年和 2015 年。

表 1 国内独角兽企业数量、估值分类

年 度	数 量				估 值		
	总数量/家	比上年度增加数量/家	比上年度增速/%	超级独角兽企业数量/家	总估值/亿美元	比上年度增加值/亿美元	比上年度增速/%
2016	131			7	4 876		
2017	164	33	25.19	10	6 284	1 408	28.88
2018	202	38	23.17	13	7 446	1 162	18.49

表2　国内独角兽企业地域、行业分类

地域 / 行业	地域					企业数量排名前5位的行业				
	北京	上海	杭州	深圳	青岛	互联网	IT	金融	娱乐传媒	电信及增值业务
数量	82	38	30	18	4	33	25	20	13	10

表3　国内独角兽企业估值区间分布

估值	企业估值 / 亿美元			
	大于100	50～100	30～50	10～30
数量 / 家	13	13	32	144
占比	6.43%	6.43%	15.84%	71%

二、青岛市独角兽企业存在数量少、估值小等问题

截至目前,青岛市已拥有4家独角兽企业,是山东省唯一拥有独角兽企业的城市,独角兽企业数量在全国城市排名第8,但依然存在着独角兽企业数量少、企业估值较小(日日顺物流14.5亿美元,聚好看12亿美元,杰华生物25.2亿美元,伟东云教育12亿美元)等问题,主要原因如下。

(一)独角兽企业成长环境不具优势

独角兽企业成长需要开放包容、崇尚冒险的创业文化环境和快速高效的政策环境。深圳积极作为、靠前服务,打造良好创新创业环境;杭州建立"互联网＋政务"新模式,制定促进独角兽企业发展的产业政策,大力发展"创业小镇";南京发布《南京市独角兽、瞪羚企业发展白皮书》,实施"一企一策"激励措施。与南方城市相比,青岛市政务服务效能亟待提高,创业文化传统保守,许多企业没有将创新植入企业文化,导致培养独角兽企业快速成长的整体环境处于劣势。

(二)多层次科技金融体系有待完善

青岛市虽已形成以债权、股权融资为主线,涵盖政策性融资担保、科技成果转化、孵化器种子、天使投资、科技产业投资等全链条融资服务体系,但与深圳、杭州相比仍存在天使投资、私募股权、风险投资市场发育不足(表4)、科技金融服务体系不够完善等问题。

表4　城市基金管理人和基金数量对比

城市	私募股权基金管理人		基金数量 / 支
	数量 / 家	全国占比 / %	
深圳	3 709	15.24	11 760
杭州	1 365	5.61	4 845
青岛	210	0.86	387

数据来源:中国证券投资基金业协会。

(三)缺少平台企业和本地大企业培育孵化引领支持

深圳、杭州拥有BAT[①]大型互联网平台企业和富士康大型制造业平台企业,国内46%的独角兽都由BAT支持。海尔虽然进行了企业平台化、员工创客化、用户个性化变革,但只是将自身某些价值链环节进行社会化,参与者互相割裂,实质仍然是线型公司。青岛市缺少平台型企业,创新创业依然缺少平台型企

---

① BAT是百度公司(Baidu)、阿里巴巴集团(Alibaba)、腾讯公司(Tencent)中国三大互联网公司首字母的缩写。

业的渠道、资源整合等孵化培育支持。

（四）企业整体创新能力有待加强

青岛市企业进入"2018中国大陆创新企业百强"的只有2家，分别为海尔、海信，而北京39家，深圳17家，上海11家，广州4家。青岛市百万人PCT专利申请量不到百件，而深圳超过千件。由此看出，青岛市企业整体创新能力与先进地区存在差距。

三、对策建议

（一）努力营造市场化、法制化政务营商环境

企业是创新主体，而营商环境是企业赖以生存和发展的基础。青岛市应积极构建市场化、法制化、高效透明的政务营商环境，从产业、人才、政务、法治、绿色等方面，特别是以"信息技术＋制度创新"推动政务流程再造、政府管理体制变革，重构行政审批和政务服务流程及标准，实施"智慧政务"工程，全面优化政务服务环境，为企业主动服务、靠前服务，支持更多具有"独角兽基因"的企业早日进入"独角兽俱乐部"。

（二）加快建设和完善多层次资本市场

青岛市应建设和完善多层次资本市场和科技金融体系，与全球范围内专注科技投资的创投资本、基金、投资人建立联系，通过创新创业大赛、项目路演等各类高频次活动开展高端资本链接，让资金供给链条覆盖科技创新企业整个生命周期，从企业初创的天使投资、风险投资、私募股权投资，到企业成长产生正现金流时的银行贷款，再到企业发展壮大时的企业债券、新三板，最后到科创板、创业板、中小板的直接融资；要通过政府制度设计及政策引导，促进天使投资快速发展，引导社会资本投向天使类项目，支持更多初创型科技企业发展，完善"基础研究＋技术攻关＋成果产业化＋科技金融"的全过程创新生态链，为独角兽种子企业提供可持续的长期资本支持。

（三）加快培育平台企业，增强大型企业的孵化培育能力

青岛市应利用平台思维做乘法。一是推行平台型企业培育计划，培育若干具有较强整合能力的大型互联网平台型企业和制造业平台型企业，构建行业发展生态圈，为创新创业企业拓展渠道、降低风险提供支撑。二是本地大企业要搭建资源整合平台，串联创新链、供应链，串联客户链、资本链，融合成高效互通的产业生态链，形成知识、人才、技术溢出效应，培育孵化一批掌握核心技术、参与国际竞争的新兴高科技制造企业。

（四）尊重创新活动规律，营造创新环境，提升整体创新能力

为改进创新方式，补足创新短板，提升市场主体创新能力，青岛市可从以下几个方面入手：一是加大对侵犯知识产权行为的惩罚力度，切实降低维权成本，保障创新的合理和正当收益；二是改进创新人才引进、评价、激励机制，提升企业家的创新素养；三是多措并举帮助企业降低创新成本，如增强对小企业、私营企业研发投入的减税力度，提高政府引导基金对共性技术研发的支持力度和运作效率，等等；四是从资源共享、要素流动、投融资体制改革等方面创造条件，激发企业通过开放合作提升创新能力、扩大创新网络。

（五）聚焦科技引领城建设，打造新经济企业生态圈

青岛市应面向未来，持续支持人工智能、生物技术、智能制造、新材料等前沿领域开展技术创新，支持大企业、高校院所牵头设立新型研发机构、未来实验室、实体化的产业技术创新联盟等创新平台载体，以市场需求为导向，实现产业核心技术的快速突破与产业化应用，挖掘一批有潜力的硬科技创新企业，进一

步打造青岛市独角兽企业的硬科技属性。

🌐 参考文献

[1] 谢云挺. 杭州为何能快速冒出一批独角兽企业？[N]. 经济参考报,2018-03-20(8).

[2] 石晓鹏,魏向杰,陶菊颖,等. 独角兽企业的发展态势及成长路径[J]. 群众,2018(4):34-36.

[3] 胡峰,李晶,黄斌. 中国独角兽企业分析及其对江苏的启示[J]. 科技与经济,2016(5):101-105.

[4] 查甜甜. 2018年中国独角兽企业数量突破200家[EB/OL]. (2019-05-09)[2019-07-01]. http://www.sohu.com/a/312851360_161623.

编　写:徐文亭

编　审:谭思明　王春莉

关于加快青岛市氢能产业发展的对策建议

一、青岛市氢能产业发展现状

（一）青岛市氢气资源较为丰富

目前青岛市氢气资源以化工副产氢为主，主要来源是金能科技股份有限公司、青岛海湾化学有限公司、青岛海晶化工集团有限公司等企业的化工副产氢气。据统计，青岛市年产副产氢大约9.5亿标准立方米[1]，大约8.5万吨，其中可用于开发利用的氢气大约1.2万吨，可以满足青岛市近1100台商用车的年耗氢量需求。而且，紧邻青岛市的烟台、潍坊等城市氢气资源丰富，可为青岛市氢能产业长期发展提供支撑。

（二）青岛市拥有高水平氢能研发平台

目前，青岛市已建成煤制甲烷催化、低温液化气体储存装备等氢能产业相关各类创新平台16个，拥有中国石油大学（华东）、青岛科技大学、山东科技大学、中国海洋大学、中国科学院青岛生物能源与过程研究所、中车青岛四方机车车辆股份有限公司等40余家氢能产业相关高端研发机构，引进了西安交通大学青岛研究院、吉林大学青岛汽车研究院、一汽青岛汽车研究所等氢燃料电池汽车相关研发机构。当前，中国科学院、山东省委省政府共同大力推进的山东能源研究院，已将氢能与燃料电池列为其重要建设方向。"十二五"以来，青岛市科技计划立项20余项支持氢能相关技术研发。2019年，青岛市有关单位申报山东省科技创新重大工程项目12项，申请资助资金超过1.5亿元（申报单位自筹资金为资助资金的2倍以上）。

（三）青岛市氢能的产业基础较好

2015年，中车青岛四方机车车辆股份有限公司成功研制出全球首列氢能源有轨电车，并于2017年为佛山提供8列氢能源现代有轨电车[2,3]，目前正在为加拿大、德国等国家研发氢能源轨道车辆。2017年，青岛大学联合青岛交运集团、华沃新能源汽车科技有限公司、同济大学研制成功青岛市首辆氢燃料电池大巴。2018年，青岛金能科技股份有限公司新材料与氢能源综合利用项目获批建设。2018年，中船重工武船集团北方制造基地具备承制大型高端煤制氢装置关键设备（直径4米、长度57米、重量约150吨、体积600多立方米的高端压力容器产品）能力。一汽解放青岛汽车有限公司研制的两款氢燃料电池汽车已上国家汽车产品目录。青岛汉缆股份有限公司从事氢能备用电源产品、储能产品和车用动力产品等研发，已完成了 1～100 kW 氢能电源系统多个产品和样机的开发,并实现了初步的市场应用。目前,青岛市已成为全国最大的新能源(电动)汽车生产基地。同时,青岛市现有汽车生产企业 20 余家,其中整车制造企业 4 家,规模以上汽车零部件生产企业 188 家,为燃料电池汽车整车研发与生产夯实了基础。

二、青岛市氢能产业存在的主要问题

我国氢能燃料电池技术虽然整体上取得了长足的发展,但还普遍存在诸多问题:一是关键材料、核心部件的批量生产技术尚未形成,催化剂、隔膜、碳纸、空压机、氢气循环泵等仍主要依靠进口;二是燃料电池堆和系统可靠性与耐久性等与国际先进水平仍存在差距;三是加氢站建设成本高,氢气运输成本较高;四是支撑行业发展的氢制备、储运、加注及实际工况下氢燃料电池从部件到系统的评价、检测的标准、体系等仍不健全;五是目前有关法规标准仍将氢气按照危险化学品管理,导致加氢站的审批、建设、运营受到制约。

青岛市氢能产业发展除了我国普遍存在的问题外,还存在以下突出问题。

一是氢能产业发展缺乏顶层设计。目前,江苏省、河北省、广东省、武汉市等支持氢能产业发展的省市,纷纷出台氢能产业发展规划、燃料电池汽车发展规划、加氢站管理办法等政策对氢能产业发展加以保障[4-6]。青岛市虽然不断加大对氢能科技研发的资金支持,并且出台了支持氢能及燃料电池发展的措施,但在氢能产业布局、支持发展政策等方面缺乏规划,导致无法统筹青岛市氢能产业的协调发展和有序布局。

二是氢能产业缺乏龙头企业推动。氢能产业发展初期离不开龙头企业的大力推动。目前,省内氢能上游领域,山东重工集团、兖矿集团、潍柴动力等重点企业牵头研发了一系列具有自主知识产权的关键装备,省内氢能源应用领域,有山东高速、中国重汽、鲁能集团等大型国有企业带动、示范;上海氢能发展重点依托重塑科技、同济大学等企业和机构,广东氢能发展有国鸿氢能引领,张家口则通过引进并依托亿华通发展氢能产业。目前,青岛市氢能产业方面尚无龙头企业推动,缺乏在氢能技术、产业、应用领域率先引领、发力的条件,无法形成大规模示范的优势。

三是氢能产业中企业创新主体作用较弱。从氢能专利相关研发机构情况看,虽然参与研发的企业数量(28 家)占总研发机构数量的 55%,但企业研发的技术(50 项)仅占总量的 30%,而 13 家高校院所则研发了 105 项技术,占总量的 63%,表明青岛市企业的氢能研发能力相对不足。由于青岛市氢能研发主体是高校院所,而产业化主体是企业,因此研发主体与产业化主体之间的合作沟通有待进一步畅通。

三、对策建议

(一)制定青岛市氢能产业发展规划

加强顶层设计,全面规划氢能燃料电池发展途径,包括青岛市氢能产业发展重点、产业布局优化、加氢站总体布局、政策措施制定等,从政府层面研究制定氢能燃料电池总体规划和发展路线图,从而引导青岛市氢能及燃料电池技术创新和产业的快速与健康发展,力争将氢能产业打造成为推动青岛市产业结构转型升级的新千亿级产业,建成"东方氢岛"。

(二)支持氢能核心技术攻关

聚焦氢能燃料电池全产业链的关键核心技术,加强研发投入,通过设立氢能及燃料电池等专项促进从基础研究、关键技术攻关、应用示范到产业化转化的创新能力提升,确保氢能核心技术自主可控,保障青岛市氢能及燃料电池核心技术全面、自主的持续发展。

（三）加大氢能创新载体建设

通过实施"政产学研金服用"协同创新机制，鼓励氢能产业链企业与国内外高校、科研院所等研发机构及应用企业建立重大氢能应用与燃料电池研发协同创新机构，推进氢能源全产业链协同创新。加快完善氢能产业创新链条薄弱环节，打造氢能技术和燃料电池研发创新中心、氢能互联网大数据与云计算理论设计平台、氢能检测平台等，满足氢能产业发展需求。引进国内外著名高校、科研机构和龙头企业在青岛市设立氢能研发中心、技术转移机构、区域总部和生产基地，重点引进国内外氢能研发团队和领军型创新创业人才带项目来青创新创业，提升青岛市氢能产业发展水平。

（四）支持企业发挥主体作用

结合青岛市产业结构优势，积极鼓励和支持电力、电动汽车、轨道交通装备等行业的龙头企业作为主体，主动参与到氢能产业的研发与应用中。支持生产企业、研发机构和应用企业联合承担研发项目和科技成果转化项目，突破制备、应用和产业化技术瓶颈，加快科技成果转化，打通氢能全产业链。

（五）适时推进氢能产业应用示范

支持泊里镇建设氢能产业园；在青岛港、胶东临空经济示范区、胶州湾国际物流园、前湾保税港区等地区，开展氢燃料电池运输车、叉车、转运车等应用示范；支持区市加强与交运集团、公交集团合作，开展氢燃料电池商用车、轨道车辆等应用示范；开展沿海岛屿分布式发电以及热点联供示范项目。通过氢能产业应用示范，将青岛市打造成为全球知名的氢能产业化基地。

🪐 参考文献

[1] 张炳君,刘晨,聂晓莹. 加快布局氢能与燃料电池产业　培育青岛经济发展新动能[J]. 中国经贸导刊(中),2018(20):40-42.

[2] 李克雷. 世界首列氢能源有轨电车在南车四方股份下线[J]. 机车电传动,2015(3):55.

[3] 佚名. 首条氢能源现代有轨电车线落地佛山[J]. 驾驶园,2017(4):7.

[4] 景春梅,闫旭. 我国氢能产业发展态势及建议[J]. 全球化,2019(03):82-92,135-136.

[5] 蒋慧敏. 常州新能源汽车产业发展现状及升级路径研究[J]. 现代营销:经营版,2020(1):60-61.

[6] 佚名. 多地争抢氢能"风口"[N]. 中国能源报,2019-02-25.

编　写：刘振宇

审　稿：谭思明　李汉清　刘　瑾

关于青岛市微电子产业发展的建议

（一）中国市场增速领先全球，但技术差距明显

信息产业是 21 世纪世界经济的主导产业和支柱产业。微电子产业是信息产业的基础，影响面广，后续产业链长，具有极为重要的战略地位。它关系到整个经济的效益，关系到国家经济安全、国防安全。目前，该领域也是全球主要发达国家都重点关注的产业领域。

1. 中国半导体市场保持高速增长

2019 年，全球半导体市场增幅下降至 2.6%，市场规模为 4 901.4 亿美元。但中国市场依旧保持高速增长，预计 2019 年产业规模为 7 764.4 亿元，同比增长 18.1%，相比 2017 年、2018 年 20% 以上的超高速增长有所放缓。

在技术发展水平上，中国目前的设计水平达到 7 纳米，但仍以中低端产品为主；就集成电路制造业而言，存储器工艺实现突破，14 纳米逻辑工艺即将量产，但与国外仍有两代差距；集成电路封装测试业是与国外差距最小的环节，高端封装业务占比约为 30%，但产业集中度需进一步提高。

2. 中国微电子产业面临诸多瓶颈

多年来，中国一直是全球最大的微电子需求市场，但是中国的微电子产业长期面临一些问题（表 1）。

表 1　中国微电子产业长期面临的问题

问题类型	问题描述
产业规划不足	缺乏高标准和可持续发展的长远规划和措施以及建立微电子产业群体的目标
发展机制杂乱	产业投资方式单一；投资和其他政策方面的决策太慢，使发展滞后；科研和产业严重脱节，而且科研和开发的投资严重不足
市场战略缺乏	国内市场被国外大公司瓜分；对于有战略意义而且量大面广的如中央处理器（CPU）和存储器等关键芯片市场没有给予足够的重视和自主研制开发的决心；整机设计开发与芯片厂脱节，产品不能配套生产
政策环境乏力	微电子企业资金有较大一部分是贷款，加之增值税过重，使得企业负担很重
人才基础薄弱	微电子领域人才流失现象严重，缺乏吸引和激励人才的有效措施

（二）青岛处于中国微电子产业的洼地

中国半导体产业快速发展,集成电路设计、制造能力与国际先进水平的差距正在逐步缩小,已初步形成长三角、环渤海、珠三角、中西部四大产业集聚区。在国内的产业版图上,山东省属于微电子产业的洼地(图1)。青岛的微电子产业与全国先进城市相比,差距巨大(表2)。

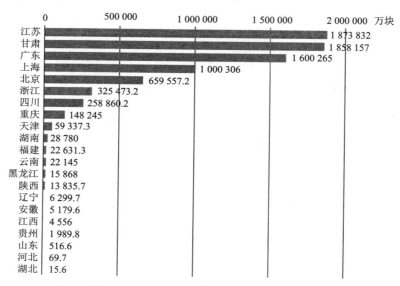

图 1　国内 2019 年上半年部分省市集成电路产量示意图

表 2　2018 年国内主要城市集成电路产业规模

城　市	规模/亿元	领　域
上　海	1 450	汽车芯片、智能移动芯片、物联网芯片、AI 储存器芯片、安全芯片以及智能储存器芯片
无　锡	1 014	集成电路制造、封测、设备材料
北　京	970	封测、制造
深　圳	890	芯片设计
成　都	约 500	芯片设计、晶圆制造
西　安	493	半导体设备和材料的研制与生产,到集成电路设计、制造、封装测试
苏　州	467	芯片设计
厦　门	400	集成电路设计、制造、封测、装备与材料
青　岛	100 亿(2022 年规划产值)	

1. 全市微电子产业规模有限,增长乏力

据统计,2018 年青岛市微电子行业实现营业收入 133.5 亿元;规模以上企业 80 家,比 2017 年减少 4 家;实现利润总额 7.4 亿元,比 2017 年下降 33%。

从产业布局上,青岛海信宽带多媒体技术有限公司入选 2018 年中国电子元件百强企业,目前光模块年产能超过 3 000 万只,为世界最大的光模块生产厂商之一;东软载波电力线载波通信芯片、无线射频芯片、触控类芯片等集成电路产品广泛应用于消费电子、家电、工业控制、汽车电子、仪器仪表等领域;青岛鼎信通讯以载波及总线通信芯片为基础,应用于电力、消防等嵌入式智能产品,目前在电力载波行业市场占有率达 53%。

2. 崂山区逐渐成为全市微电子产业的亮点

自 2017 年开始,青岛市围绕电子信息产业链超前布局传感器及物联网、虚拟现实及人工智能、北斗导航等新兴产业。在新旧动转换进程中,青岛市已经确定要重点发展新一代信息技术,打造全球智能家电研发制造基地。

崂山区是青岛市打造微电子产业"芯谷"的主要支撑区域,聚集了海尔、海信、歌尔等一批芯片终端应用端大企业,具有集成电路设计产业发展的坚实基础。崂山区因地制宜,出台并落实12个"一业一策"产业扶持办法,分批设立总规模200亿元的股权投资引导基金、5亿元的创新创业引导基金,打造国内一流的产业政策高地。

3. 全市微电子产业的短板短期难以弥补

目前,青岛市基础电子元器件及器材制造产业的发展态势非常不乐观,规模以上企业数量已经连续3年减少。产业的短板短期内难以弥补。

青岛市微电子产业存在的问题主要集中在5个方面:一是产品附加值低,大部分企业处于价值链的低端;二是缺乏行业龙头企业,具备高质量元件生产实力的企业很少,整体呈现为行业规模偏小;三是元件企业与整机企业缺乏深度合作,全市的电子元器件产业链条不完整;四是人才缺乏成为产业发展的重要短板,产业、政策环境对高端人才和工作经验丰富的从业人员缺乏吸引力;五是缺少产业发展规划,存在各区市引进项目同质化问题。

二、青岛市微电子产业发展的主要瓶颈

(一)产业基础配套薄弱

目前,青岛市的微电子产业基础非常薄弱,尽管新一代信息技术在"十二五"时期被纳入全市的发展重点,但是长期以来,软件业和信息服务业一直是主要的发展方向,信息产品制造业因为发展周期长而一直被忽视。这导致青岛市新一代信息技术发展受限制,也制约了信息化相关产业的发展和升级。从产业统计上看,青岛市在"十二五"期间才开始重视信息产业,而成都、南京、杭州、深圳等都是"十一五"期间就已经将信息产业纳入重点产业发展方向。这导致青岛市在"十二五""十三五"的产业发展中被兄弟城市甩开,且差距不断增大。目前,长期被忽视的基础元器件及器材制造行业的高附加值产业链条在青岛市尚未形成。

(二)行业薪酬普遍偏低

微电子产业基础的薄弱不但导致资本投入缺乏吸引力,还导致行业的薪酬普遍较低,也导致人才引进面临巨大困难。目前的薪酬待遇对于专业人才缺乏吸引力,同时青岛市该行业对于高端技能人才的需求缺口又非常大,这给招商引资工作带来较大困难。

(三)产业政策措施乏力

目前,除了崂山区出台了微电子产业相关政策外,全市层面的产业规划和产业政策迟迟没有出台。产业的发展依然依靠现有企业自力更生,短期内难以出现较大的改观。

三、青岛市微电子产业的突围路径

(一)充分发挥产业应用的潜力

依托海尔、海信、歌尔等家电电子企业的优势,将微电子产业的集成电路设计和高端封装作为主攻方向。借助外资企业成熟的应用市场,加快做好产业链承接,打开新市场。积极引导中小企业根据自身特点,专注细分市场,通过快速高效的市场响应,积极对接全球市场需求。

（二）巧用资本融入全球产业链

依托国家集成电路产业投资基金的支持,鼓励优势企业收购、并购封测企业;合作建设集成电路研发中心,不断充实企业在先进封测、知识产权以及全球高端客户资源开拓方面的硬实力。支持龙头企业合资并购导入国际一流的技术、客户和经营人才,抢占全球产业链的高端,建设集成电路高端封装测试产业基地。

（三）大力引进和培育骨干企业

充分利用中美高端制造业贸易争端、全球微电子产业大幅调整、中国开启芯片攻坚战的契机,大力引进和培育青岛市的骨干企业,补充完善微电子产业链。引进一批拥有自主知识产权的核心关键部件企业,打造一批具有较强竞争力的骨干企业,建设具有基础电子元器件及器材制造能力的产业园区,形成与其他地区的差异化发展优势。

参考文献

[1] 马龙. 从十八大看今后信息化工作方向[J]. 信息化建设,2013(2):27-29.

[2] 严中毅,李凯. 测量仪器与现代微电子、计算机和软件技术的融合[J]. 电子测量与仪器学报,2015,29(5):631-637.

[3] 徐骏,王自强,施毅. 引领未来产业变革的新兴工科建设和人才培养——微电子人才培养的探索与实践[J]. 高等工程教育研究,2017(2):13-18.

编　写:宋福杰

审　稿:谭思明　李汉清　赵　霞

深圳、上海建设全球海洋中心城市经验对青岛市的启示

一、深圳、上海两市的主要经验

（一）适度超前规划，抢占海洋经济发展先机

深圳和上海两市立足海洋相关产业发展基础，把握全球海洋产业发展规律与海洋科技发展趋势，适度超前布局海洋战略性新兴产业和前瞻性海洋科技领域。

2018年，深圳市出台《关于勇当海洋强国尖兵加快建设全球海洋中心城市的决定》，明确2020年、2035年和21世纪中叶3个阶段的目标。2019年，深圳市为落实《粤港澳大湾区发展规划纲要》要求，全力推进"十个一"工程，加快建设全球海洋中心城市，起草《深圳市海洋发展总体规划（2020—2035）》，为海洋的全面发展提供方向和支撑。

2018年，上海市制定《上海市海洋"十三五"规划》，按照建设全球海洋中心城市的要求，进一步提升对外开放水平和国际影响力。

（二）坚持开放创新，以科技引领和创新驱动海洋经济发展

深圳市以全球化视野配置国际海洋资源，先行先试、大胆探索有利于海洋产业发展的体制机制，实现海洋产业的开放创新式发展；以科技创新为引领，优化创新生态，加强海洋科技自主创新性，加大海洋创新载体和公共平台建设力度，提高海洋科技研发和成果转化能力。

上海市加强与"21世纪海上丝绸之路"沿线国家的交流与合作，加快建立对内对外开放相结合、"引进来"和"走出去"相协调的开放型海洋产业体系；推动海洋产业结构调整，促进海洋产业高端化、国际化、集约化发展；推动关键领域核心技术重大创新突破，抢占世界海洋科技创新制高点；促进海洋科技成果高效转化，吸引海洋人才、技术、信息和服务等高端要素集聚，积极营造大众创业、万众创新、活力迸发的氛围和环境。

（三）强调市场主导，企业为主体，优化海洋产业布局

深圳市推动社会资本积极参与海洋经济建设，加快海洋资源的市场化改革，发挥市场对海洋资源配置的基础性作用；集中力量发展基础条件较好、技术条件成熟、成长潜力大、产业关联度高的海洋产业领域；引导电子信息、生物等现有优势产业向海洋领域拓展延伸，构建具有较强国际竞争力的优势现代海洋产业群。

上海市优化海洋产业布局,推动海洋产业转型升级;大力发展海洋先进制造业和现代服务业,积极培育海洋战略性新兴产业,扩大海洋经济开发开放领域;加快建设临港海洋高新技术产业化基地,促进海洋科技资源集聚、研发孵化和成果转化。

(四)坚持陆海统筹、区域联动、生态优先、持续发展的原则

深圳市在大力发展湾区经济的同时,以"海陆一体"的战略眼光整体谋划海洋经济发展和海洋产业布局,更加注重海洋生态环境保护和海洋资源的合理开发利用,出台了《深圳经济特区海域保护与使用条例》《深圳市海岸带综合保护与利用规划(2018—2035)》《深圳市海洋生态文明建设实施方案》和《深圳市海洋环境保护规划(2018年—2035年)》,开发和保护并重,实现海洋经济的可持续发展。

上海市建立健全陆海统筹的协调发展机制,实现陆海统筹规划、合理布局、资源互补、产业互动;顺应区域经济一体化趋势,加强与周边省市合作,实现优势互补、错位发展,促进区域海洋经济协调发展;把海洋生态文明建设纳入海洋开发保护总体布局,坚持开发和保护并重、污染防治和生态修复并举,突出海洋生态环境保护优先导向,严格落实生态红线制度,严控入海污染物排放,加快海洋生态修复和环境治理,形成环境友好、资源节约的海洋可持续发展格局。

二、青岛市海洋科技创新研发基础好,在海洋科技人才方面具有优势

对比青岛市与深圳和上海两个城市打造全球海洋中心城市的基本条件,本文在综合实力、研发基础和科技创新3个方面,从海洋产值、海洋高层次人才等10个指标进行综合对比。各指标比较情况如图1所示。

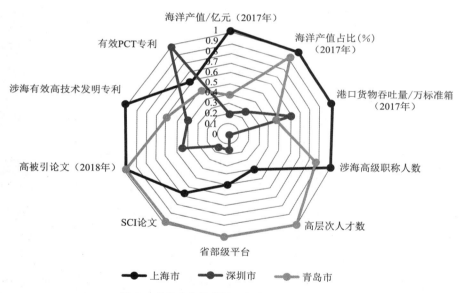

图1 青岛市与深圳市、上海市综合对比图

分析表明,上海市海洋产值最高,综合实力最强;深圳市PCT专利数量多,发展潜力大;青岛市研发基础好,论文产出优势明显。

(一)青岛市与上海市海洋产值差距大,与深圳市相比的优势在减小

2018年,青岛市全年实现海洋生产总值3 327亿元,增长15.6%,海洋生产总值占GDP比重为27.7%。其中,滨海旅游业、海洋交通运输业、海洋设备制造业和涉海产品及材料制造业等4个支柱产业共实现增加值2 025亿元,增长14.5%,占海洋经济比重为60.9%。海洋新兴产业实现增加值366亿元,增长8.6%,占海洋经济比重为11%。

上海市 2018 年海洋经济总产值 9 183 亿元，占全市 GDP 的 28.1%。深圳市 2018 年海洋生产总值约 2 327 亿元，同比增长 4.63%，海洋经济生产总值占全市 GDP 的 9.6%。青岛市与上海市在海洋生产总值差距较大，与深圳市相比略有优势。但与 2017 年相比，青岛市 2018 年海洋生产总值与上海市的差距扩大了约 300 亿元，与深圳市相比的优势减少了约 200 亿元。就海洋生产总值占 GDP 的比重而言，青岛市与上海市的比例相当，深圳市的占比较小。

（二）青岛市海洋技术研发基础好，高端人才集聚

据统计，全国部级以上涉海研发平台共 103 家，青岛市 34 家，占全国的 33.0%，城市排名第一；全国国家级涉海研发平台 33 家，青岛市 7 家，占全国的 21.2%，与上海市并列第一；全国部级涉海研发平台 70 家，青岛市 27 家，占全国的 38.6%，城市排名第一，上海市 9 家，城市排名第二。

全国具有高级职称以上的涉海科研人员约 17 000 人，青岛市约 2 500 人，占全国约 14.7%，城市排名第二。上海市城市排名第一。

据统计，我国涉海两院院士共 65 人，青岛市全职涉海两院院士 18 人，占全国 27.7%，城市排名第一。

（三）青岛市科技创新产出论文数量居首位，PCT 专利数量少

据统计，2018 年青岛市的海洋领域 SCI 发文量位居首位，共计 2 126 篇，是上海市的 1.5 倍，是深圳市的 6.5 倍，但在高被引论文方面的优势并不明显。青岛市海洋领域高被引论文 18 篇，与上海市持平，比深圳市多 10 篇。高被引论文占比均低于深圳市和上海市。在专利上，青岛市涉海有效高技术发明专利数量为 670 件，低于上海市的 1 100 件，高于深圳市的 439 件。但在有效 PCT 专利数量上，深圳市位居首位，青岛市落后于深圳市和上海市。

总体来说，在科技创新产出方面，青岛市在海洋科学基础研究方面具备一定的优势，但在高质量的产出上与深圳市和上海市存在一定差距。

三、对青岛市建设海洋中心城市的建议

习近平总书记赋予青岛中国—上海合作组织地方经贸合作示范区打造"一带一路"国际合作新平台的重任，青岛迎来重大发展机遇。青岛市落实中央重要指示精神，紧抓"21 世纪海上丝绸之路"机遇，将海洋经济置于城市和经济发展战略的核心位置，强化创新驱动和海陆统筹。青岛市可以从以下几个方面加强建设国际海洋名城，打造全球海洋中心城市。

（一）加强全球海事中心建设

航运中心是海洋中心城市的重要功能，青岛港口货物吞吐量与上海、深圳的差距较大。应结合中国—上海合作组织地方经贸合作示范区建设和中国（山东）自由贸易试验区建设的契机，适度超前规划，加强港口建设，探索陆港联运新模式。加强青岛与山东广阔腹地的交通网络建设，实现铁路网与亚欧大陆桥的连接，探索建设重载铁路，提升青岛的航运中心作用。加强航运经纪事务、海事仲裁等专业性、高端航运服务业发展，提升青岛全球海事中心城市影响力。

（二）加强国际海洋科技中心建设

青岛具有海洋科技创新的优势，海洋科研基础在国内领先，但学科领域偏重自然科学，海洋工程技术研究需要加强。青岛市应进一步加强高端平台引进，用平台思维产生聚合效应，自主创新与联合创新共同发展，集聚全球创新资源，建设国际海洋科技中心。

（三）加强海洋产业高地建设

青岛海洋产值与上海差距较大，与深圳相比的优势在减小。青岛市应加快完善现代海洋产业体系，

实施海洋产业全球战略,推动海洋经济向高端化发展。要加快建立国际领先的现代海洋产业集聚区;着力发挥先进制造业基地和现代服务业基地的发展优势,加快改造提升传统产业,大力发展海洋高技术装备制造业、海洋高端服务业,培育壮大具有"高端技术、高端产品和高端产业"的海洋优势产业集群。

(四)加强海洋生态文明建设

解放思想是建设全球海洋中心城市的关键,要增强海洋意识,树立大海洋观念。要坚持生态优先,倡导绿色海洋发展理念,着力构建海洋生态产业体系。

参考文献

[1] 秦正茂,周丽亚. 借鉴新加坡经验 打造深圳全球海洋中心城市[J]. 特区经济,2017(10):20-23.

[2] 张春宇. 如何打造"全球海洋中心城市"[J]. 中国远洋海运,2017(7):52-53.

[3] 晓秦. 深圳加快建设全球海洋中心城市[J]. 宁波经济:财经视点,2019(11):16-17.

[4] 周乐萍. 中国全球海洋中心城市建设及对策研究[J]. 中国海洋经济,2019(1):35-49.

编　写:初志勇
审　稿:谭思明　王云飞

青岛海洋科学与技术试点国家实验室在世界海洋科技创新格局中的地位及对策建议

青岛海洋科学与技术试点国家实验室（海洋国家实验室）自2015年6月正式运行以来，发展迅速，已经成为我国一支重要的海洋科研力量，对全球海洋科研的贡献日益凸显。但我们应该清楚地看到，目前海洋国家实验室的发展与战略目标定位之间还有不少的距离。

在全球范围内，我们选择了9家海外知名机构作为海洋国家实验室对标机构，分别为美国伍兹霍尔海洋研究所（WHOI）、美国斯克利普斯海洋研究所（SIO）、英国国家海洋研究中心（NOC）、德国亥姆霍兹极地与海洋研究中心（AWI）、德国亥姆霍兹基尔海洋研究中心（GEOMAR）、法国海洋开发研究院（IFREMER）、日本海洋地球科技研究所（JAMSTEC）、澳大利亚海洋科学研究所（AIMS）以及俄罗斯科学院希尔绍夫海洋研究所（IORAS）。报告主要从文献计量角度，结合人力资源、经费投入等方面进行综合比较，分析海洋国家实验室在全球海洋格局中的地位，找出短板与不足，并为提高海洋国家实验室国际国内竞争力提出对策建议。

一、海洋国家实验室在全球海洋创新格局中地位日益凸显

在当前世界海洋科技创新格局中，美国海洋科研机构领跑全球，在科技积累、前沿引领等方面具有绝对优势。德国、法国、英国、日本等传统强国海洋科研机构各有专长。我国海洋机构是世界海洋科技创新的重要力量，海洋国家实验室在全球海洋创新格局中的地位也日益凸显。图1显示海洋国家实验室在科研产出、科研发展、人力资源、科研投入以及科研合作等方面的表现，相关指标说明及统计数据见表1、表2。

图1 海洋国家实验室各指标与9家对标机构平均值雷达图

表 1 对比指标说明

一级指标	二级指标	指标说明
人力资源	研究人员 / 人	研究人员指主要从事科研工作人员
	研究生 / 人	研究生指该机构目前培养的研究生人数
投入	经费 / 亿美元	根据机构公开的最新的财政报告整理,并兑换为美元
科研成果	SCI 发文 / 篇	被科学引文索引收录的论文
	高被引论文 / 篇	SCI 数据库中按领域和出版年统计的引文数排名前 1% 的论文
科研影响力	h 指数	机构有 h 篇论文被至少引用了 h 次
	篇均被引次数	机构每篇 SCI 论文被引用的次数
科研引领力	一作 / 通信作者发文 / 篇	机构为第一作者或者通信作者的 SCI 发文数量
	一作 / 通信作者发文占比 / %	机构为第一作者或者通信作者的 SCI 发文数量占机构总 SCI 发文量的比例
科研合作力	国际合作论文发文 / 篇	机构发表的国际合作 SCI 论文数量
	国际合作论文占比 / %	机构发表的国际合作 SCI 论文数量占机构总 SCI 发文量的比例
发文增长率	近 10 年发文增长率 / %	2010—2019 年机构 SCI 发文年均增长率
	近 3 年发文增长率 / %	2017—2019 年机构 SCI 发文年均增长率

表 2 海洋领域十大主要科研机构对比

机构缩写	人力资源		投入	科研成果		科研影响力		科研引领力		科研合作力		发文增长率	
	研究人员 / 人 (2019)	研究生 / 人 (2019)	经费 / 亿美元	SCI 发文 / 篇 (2017—2019)	高被引论文 / 篇 (2017—2019)	h 指数 (2017—2019)	篇均被引次数 (2017—2019)	一作 / 通信发文 / 篇 (2017—2019)	一作 / 通信占比 / % (2017—2019)	国际合作发文 / 篇 (2017—2019)	国际合作占比 / % (2017—2019)	近 10 年 / % (2010—2019)	近 3 年 / % (2017—2019)
NLMST	2 000	—	2.35	4 520	41	38	4.2	85	1.9	1 180	26.1	—	32.6
WHOI	500	800	2.15	1 854	53	37	6.5	631	34.0	1 519	81.9	3.8	6.7
SIO	320	325	1.95	2 340	78	44	7.3	832	35.6	1 311	56.0	4.3	3.3
GEOMAR	500	200	0.9	1 505	47	35	7.2	470	31.2	1 204	80.0	3.9	4.4
AWI	500	180	1.34	2 015	48	38	7.1	476	23.6	1 564	77.6	4.5	1.8
IFREMER	600	150	2.36	1 471	34	32	5.7	451	30.7	911	61.9	2.2	−2.2
NOC	550	—	0.56	2 892	56	38	7.5	300	10.4	2 318	80.2	3.7	5.0
AIMS	250	241	0.48	593	36	34	12.8	124	20.9	373	62.9	5.6	−7.8
JAMSTEC	320	—	3.23	1 804	41	33	5.5	546	30.3	973	53.9	2.3	2.7
IORAS	400	286	—	897	4	19	2.4	632	70.5	298	33.2	5.5	14.4

（一）海洋科研产出位居前列

2017—2019 年,海洋国家实验室 SCI 论文数量累计 4 520 篇,ESI 论文数量累计 41 篇,贡献了全球海洋领域约 1.5% 的 SCI 论文、0.9% 的高被引论文,我国海洋领域 7.3% 的 SCI 论文、4.7% 的高被引论文。海洋国家实验室近 3 年的 SCI 论文产出在全球十大海洋科研机构中位居首位,高被引论文数量接近平均值,已成为世界海洋科研领域一支重要的力量。

（二）海洋科研产出增速位居首位

近 3 年海洋国家实验室 SCI 发文年均增速高达 32.6%,增速惊人,高出我国海洋领域 SCI 发文增速

13 个百分点,高出全球海洋领域 SCI 发文增速 30 个百分点,在全球近 3 年发文数量前 100 位的机构中,增速位居首位。其他 9 家海外机构的发文平均增速仅为 3.1%,且有的机构出现了负增长。这些数据表明海洋国家实验室自成立以来的集中发力取得了明显的成效。

(三)人才汇聚效应明显

海洋国家实验室依托成员单位,面向全球汇聚人才,已形成一支含两院院士 30 人、国家级人才项目专家 22 人、长江学者 23 人、国家杰出青年科学基金项目获得者 75 人和鳌山人才 69 人等 2 000 余人的人才队伍,科研人员规模是排名第二的美国伍兹霍尔海洋研究所科研人员的 4 倍,显示出海洋国家实验室具有较好的科研人员规模优势和汇聚人才的平台效应。

(四)经费投入力度较大

2018 年,海洋国家实验室各创新单元获批科研项目总经费约 16.2 亿元,折合约 2.35 亿美元。其他研究机构公开数据显示,近年来,经费投入最高的为日本海洋地球科技研究所,高达 3.23 亿美元;其次是海洋国家实验室和法国海洋开发研究院,经费投入约 2.35 亿美元;美国伍兹霍尔海洋研究所和美国斯克利普斯海洋研究所经费投入约 2 亿美元。这些数据表明近年来海洋国家实验室经费投入力度已居世界前列。

二、海洋国家实验室引领力亟待提升

近年来,海洋国家实验室取得了显著成绩,但对标国际领先的海洋领域研究机构,仍存在以下 3 个方面的短板.

(一)一作/通信作者发文比例亟待提高

2017—2019 年,一作/通信作者的第一单位为海洋国家实验室的发文共计 85 篇,仅占发文总量的 2.0%,其他 9 家对标机构一作/通信作者发文占比平均值为 32%,相差 30 个百分点。由此反映出海洋国家实验室科研产出以双聘科研人员为主,同时双聘科研人员以依托单位作为第一完成单位而非海洋国家实验室的问题。

(二)国际合作网络地位尚待加强

2017—2019 年,海洋国家实验室国际合作发文数量与对标机构相比,排在第 6 位,但国际合作发文占比排在最后一位,低于 9 个对标机构平均值 40 个百分点。这表明目前海洋国家实验室研发项目以国内合作为主,国际合作占比较低,特别是与国际高水平的机构与人才开展合作交流的水平还不高,配置链接全球创新资源的能力有待加强,距离成为世界主要科技中心的目标还有较长的路要走。

(三)海洋热点前沿研究领域研究有待增强

根据美国《海洋变化:2015—2025 海洋科学 10 年计划》、国际海洋物理协会与海洋研究科学委员会《海洋的未来:关于 G7 国家所关注的海洋研究问题的非政府科学见解(2016)》等报告可总结归纳出 5 个方面的海洋科学研究热点前沿,分别气候变化、生物多样性、海洋变化、海底研究以及新技术应用。在海洋科研热点前沿领域,海洋国家实验室的 SCI 发文量在十大机构中基本排在第 5~9 位;海洋国家实验室在海底研究、生物多样性研究、新技术应用影响方面表现相对较好,在气候变化、海洋变化等方向研究相对较少。

三、在新一轮海洋科技大变局中实现"换道超车"的对策建议

海洋国家实验室作为我国海洋领域唯一的试点国家实验室,其发展目标为建成引领世界科技发展的高地、代表国家海洋科技水平的战略科技力量。面对世界海洋科技创新"一超多强,中国崛起"新格局,海洋国家实验室应勇担时代赋予的"国之重任",尽快补齐短板,乘势而上,在新一轮海洋科技竞争大变局中实现"换道超车",为海洋强国战略做出自己应有的贡献。

(一)组建自己的核心研发团队

目前,缺乏高水平主体核心研发团队是影响海洋国家实验室成为世界海洋科技发展高地和中心的主要原因之一。海洋国家实验室主要采用"核心+网络"的组织架构,以"双聘"形式引进人才,构建"柔性引才"机制。这种机制在实验室建设初期发挥了很好的作用,但是要实现建成引领世界科技发展的高地这一目标,拥有自己全职的核心研发团队是必不可少的。世界主要海洋科研机构如美国伍兹霍尔海洋研究所、德国亥姆霍兹基尔海洋研究中心、法国海洋开发研究院等全职科研人员规模都是300～500人。因此,建议海洋国家实验室对标国际领先海洋研究机构,面向国家海洋重大战略需求,组建自己的全职核心研发团队,发挥重要战略核心作用。同时,与高校合作建立研究生院,联合培养我国海洋领域高层次后备人才。

(二)牵头组织国际大科学计划和大科学工程

目前,我国配置全球创新资源的能力有待发展。同样,海洋国家实验室的国际合作力度亟待提升。因此,海洋国家实验室应借鉴国际大洋发现计划(IODP)、全球海洋观测系统(GOOS)、世界大洋环流实验(WOCE)、实时地转海洋学观测阵列计划(Argo)等国际海洋大科学计划经验,围绕海上战略通道安全、南海复杂环境、深远海资源开发、天然气水合物勘探开发等重大科学技术问题,积极组织发起以我国为主的国际海洋大科学计划和大科学工程,广泛吸收国际高水平科技人才,汇聚国际优质科技创新资源,实现重大科学问题的原创性突破,为解决世界性海洋重大科学难题贡献中国智慧、提出中国方案、发出中国声音,在优化全球海洋科技资源布局、完善创新治理体系中扮演重要角色,实现建成引领世界科技发展的高地、代表国家海洋科技水平的战略科技力量、世界科技强国的重要标志和促进人类文明进步的世界主要科技中心的战略目标。

(三)建立全球海洋领域地平线扫描系统

新一轮科技革命和产业变革正在加速演进,人工智能、互联网、大数据与传统海洋科技相结合,必将产生新的前沿技术和颠覆性技术,引发新一轮的海洋科技革命。利用好机会窗口,寻找海洋科技新的突破点和生长点,对于我国从"跟跑"向"并跑"和"领跑"转变具有极其重要的意义。建议海洋国家实验室借鉴美国情报先期研究计划署、英国地平线扫描中心、欧盟联合研究中心等地平线扫描系统,充分运用大数据、人工智能等技术,建立世界海洋新兴技术地平线扫描系统,跟踪监测全球海洋科技发展动态,探测海洋前沿技术和颠覆性技术发展趋势,分析创新资源竞争格局,绘制技术创新图谱。开展技术预测研究,充分发挥专家智慧,从科技发展规律的角度把握全球海洋科技发展大势,明确发展愿景,研判海洋科技发展的趋势和突破方向,聚焦未来10～20年重大的海洋科技前沿,从科技影响的角度研究海洋科技与经济社会发展和国家安全有关的重大问题,引领全国海洋科技创新发展。

🪐 参考文献

[1] 杜元清. 地平线扫描的概念及案例研究[J]. 情报学进展,2018,12:154-191.

[2] 党倩娜. 新兴技术弱信号研究的基本进展与问题[J]. 竞争情报,2018,14(4):58-64.

[3] 陈美华,王延飞. 科技管理决策中的地平线扫描方法应用评析[J]. 情报理论与实践,2017,40(12):63-68.

[4] 胡开博,陈丽萍. 新兴技术的扫描监测——美国"科学论述的预测解读"项目综述[J]. 情报理论与实践,2015,38(08):85-90.

编　写：王云飞

审　稿：谭思明

青岛市加快发展海洋观测与探测技术与产业的对策建议

在青岛市召开的 2019 世界海洋科技大会上，海洋观测与探测技术被列为海洋领域前沿科学和工程技术十大难题之一，如何实现全球、长期、连续、实时、综合、精细、低成本的智能海洋观测与探测成为全球研究热点。海洋观测与探测装备产业也是青岛市国际海洋名城建设规划中提出的要重点发展的海洋高技术产业之一，但青岛市的基础研究还较薄弱，企业产品尚不具备国际竞争力，产业集聚能力亟须提升。

为此，青岛市科学技术信息研究院（青岛市科技发展战略研究院）分析了青岛市海洋观测与探测技术创新能力水平与不足，并从强化平台思维、提高科研机构研究能力、加快大科学装置和平台建设、设立海洋领域小企业创新计划等方面提出了青岛市发展对策与建议。

一、青岛市海洋观测与探测技术基础研究薄弱，企业产品尚不具备国际竞争力，产业集聚能力亟须提升

（一）基础研究薄弱，高影响力科研产出数量少

近 10 年，全球海洋观测与探测技术领域高影响力及高被引的论文主要由美国、英国、法国、德国等欧美国家发表，美国占全部发文量的 35.5%，我国仅占 6.8%，主要分布在中国科学院、原国家海洋局、南京信息工程大学、武汉大学、中国地质大学等 20 家机构。青岛市研究机构在该领域尚没有高影响力及高被引论文产出。从 SCI 发文来看，国内排名前 90 位的机构中，青岛市仅 5 家，且排名较靠后：中国海洋大学（第 4 位）、自然资源部第一海洋研究所（第 9 位）、中国科学院海洋研究所（第 14 位）、青岛海洋科学与技术试点国家实验室（第 26 位）、青岛大学（第 72 位）。这反映出青岛市在海洋观测与探测技术领域的基础研究还较薄弱。

（二）企业创新能力不足，国际专利数量少

目前，国际 PCT 专利主要被美国、挪威、韩国、德国、英国所申请。近 10 年，我国该领域的 PCT 申请量仅 33 件，青岛市只有中国海洋大学申请了 3 件 PCT 专利。在全球排名前 60 位的家机构中，我国入围机构仅 7 家，其中只有一家企业——华为海洋网络有限公司，其他都是高校和科研院所；而美国入围 19 家，企业占 94.7%，其他国家的机构也主要来自企业。这反映出青岛市企业在该领域的技术和产品创新能力尚不具备国际竞争力。

（三）创新资源集聚力不足，国际合作水平不高

全球的创新资源主要集聚在以美国为中心的强合作网络中，美国通过全球海洋环境调查等大科学计划和大科学项目与加拿大、日本、法国、德国、英国、印度等开展紧密合作，欧洲国家之间也形成了以法国和德国为中心的合作网络。而青岛市参与的国际合作项目较少，国际合作论文数量也较少，处于国际合作网络的边缘。以青岛海洋科学与技术试点国家实验室为例，其研发项目主要以国内合作为主，近3年的国际合作发文占比为25.5%，低于我国36.5%的平均水平。这反映出青岛市与国际高水平的机构与人才开展合作交流的水平还不高，配置链接全球创新资源的能力还不强。

（四）产品与国外存在较大差距，产品市场占有率低

青岛市企业在海洋观测、探测及监测领域的产品研发与制造能力与国外存在较大差距。根据专家调查结果，青岛市的平台技术、常规动力要素传感器技术、生物化学要素传感技术接近国际先进水平，海洋遥感技术与美欧海洋遥感强国尚有一定的差距，海洋通信与组网、海洋预报、海洋大数据、用于极端环境的传感器等技术落后于国际先进水平。海洋物理参数传感器、观测平台、海洋灾害预警预报、海洋遥感、海洋地震勘探、海底传感器组网等关键部件产品在较长时间内无法替代国外产品，产品市场主要被美国YSI公司、美国亚迪公司、挪威PGS公司、美国通用电气公司、德国阿特拉斯公司，以及美国斯伦贝谢公司、美国壳牌公司等一些油气公司占据。

二、青岛市海洋观测与探测技术与产业发展建议

（一）强化平台思维，搭建高端国际海洋交流平台和"双招双引"平台

搭建高端国际海洋学术交流和科技成果转化平台，是集聚全球海洋人才、学术、产业资源的有效途径，是海洋学术界、政府和产业之间协同响应的良好渠道。2019年9月24日—26日，在青岛市召开的世界海洋科技大会上，在人才引进和项目投资方面形成了30多项合作成果；"双招双引"项目对接会上，一批海洋科技成果在青岛转化落地。2029年，十年一次的全球海洋观测大会将在青岛市召开。青岛市要以此为契机，借高层次海洋科技盛会筹备及召开之机，汇聚全球从事海洋观测的机构、大学、科研部门及企业精英，通过举办多种形式的国际海洋科技展览会、科技论坛、大型创新创业活动等以获取信息、促进交流、吸引人才、引进项目，加速海洋科技成果在青岛市的转化，为海洋观测与探测技术的发展贡献青岛力量。

（二）加快大科学装置和平台建设

大科学装置和重大创新平台是现代科学技术诸多领域取得突破的必要条件，是参与国际竞争的基础条件。青岛市要加快推进青岛海洋科学与技术试点国家实验室启动建设国家海洋超算中心、海上公共实验平台等大科学装置设施和平台，支持中国科学院海洋研究所海洋大科学中心水下探测设备研发平台重点项目建设，引进美国Sea-Bird公司、挪威Kongsberg公司和Aanderaa公司等建设海洋调查装备的监测、标定和维保基地，打造辐射全国乃至全球的海洋科技创新平台、人才高地和新兴产业培育基地，进一步集聚先进的科技创新设施、优势科技创新团队和重大科技创新成果。

（三）加快实施"透明海洋"大科学计划

牵头组织大科学计划和大科学工程，是解决全球关键科学问题的有力工具，是聚集全球优势科技资源的高端平台。为全面提升海洋观测探测能力，山东省提出"透明海洋"大科学计划，主要由青岛海洋科学与技术试点国家实验室牵头实施。计划启动实施5年来，研发成果已填补了2项国内空白，实现3个国际第一，并打破2项技术的国外垄断。"透明海洋"大科学计划已经被联合国列入"海洋科学促进可持续发展十年（2021—2030）计划"六大主题之一。青岛市要以此为契机，加大对青岛市及全国涉海院、校、

所等各方科研力量的统筹力度,争取国家科技重大专项支持,将"透明海洋"与大数据、"互联网＋"、人工智能2.0等国家和区域重大战略深度融合,加快集聚一批海洋探测技术高新技术企业,推动"透明海洋"工程成果在青岛市的转化。

（四）发挥青岛市海洋科研城优势,提高科研机构研究能力

一是支持重点项目研发。将海洋监测传感器技术、海上公共实验平台、深海载人潜水器、海洋信息获取和安全保障等列入重点研发计划,鼓励研究机构整合国内外创新资源,联合多个研发单位开展基于交叉学科的前瞻技术研究,形成原创性技术成果。优先支持省级以上高层次人才团队牵头组织和申报项目,强化科技计划的上下集成,鼓励利用国家科技计划项目,开展面向青岛市产业发展的关键核心技术研发。二是优化海洋科技人才集聚布局。青岛市的海洋人才主要集中在基础科学研究领域,在海洋观测等工程研究领域无明显优势。为吸引海洋人才向海洋观测高技术领域的集聚,要加强院士工作站、国家及省部委重点实验室和工程（技术）研究中心、博士后科研工作站等各类创新平台建设,引进培养国内外高端创新团队,通过搭建平台、创造机会,为海洋观测技术人才的成长和发展提供更为广阔的空间。

（五）探索设立海洋领域小企业创新计划

青岛市海洋高技术企业的创新能力不强,多数技术成果还不能真正转化成产品。建议青岛探索设立海洋领域中小企业创新计划,在青岛蓝谷打造以总装设计、功能模块、核心装备为三大核心技术群的科技产业园,培育孵化一批海洋观测高新技术企业,形成创新型企业集群。

（六）加强国际交流与合作

当前世界海洋强国已经步入天-空-海、水面-水体-海底立体监测时代,青岛市要紧跟世界发展潮流,与美国、俄罗斯、乌克兰、瑞典、挪威等国家和"一带一路"沿线国家共建一批联合实验室、技术转移中心、技术示范与推广基地等国际科技合作创新平台,与韩国、日本等周边国家开展海洋环境联合调查和研究,打造区域合作平台,实现资源共享和协调互补,不断提升青岛市海洋观测与探测能力和技术水平。

参考文献

[1] 张云海. 海洋环境监测装备技术发展综述[J]. 数字海洋与水下攻防,2018,1(1):7-14.

[2] 李红志,贾文娟,任炜,等. 物理海洋传感器现状及未来发展趋势[J]. 海洋技术学报,2015,34(3):43-47.

[3] 钱洪宝,徐文,张杰,等. 我国海洋监测高技术发展的回顾与思考[J]. 海洋技术学报,2015,34(3):59-63.

[4] 刘岩,王昭正. 海洋环境监测技术综述[J]. 山东科学,2001,14(3):30-35.

编　写:秦洪花

审　稿:谭思明　李汉清　赵　霞

关于青岛建设区域性科技创新中心的对策建议

一、青岛具有较好的建设区域性科技创新中心基础

国内有学者将区域性科技创新中心定义为在区域内科技创新资源密集、科技创新活动集中、科技创新实力雄厚、科技成果辐射范围广大，从而在全球价值链中发挥价值增值功能并占据领导和支配地位的城市或地区。区域性科技创新中心具有汇聚创新资源、产生创新成果、转化创新成果、提供技术服务、促成技术交易、促进技术转移6大功能。区域性科技创新中心包含两大要素——创新主体和创新环境，两者的良性互动对科技创新中心形成至关重要。创新主体可以进一步细化为科技引擎企业、世界一流大学、风险投资者和创新创业人才；创新环境可以进一步细化为宽容的文化氛围、高效的制度体系、奋发有为的政府和优质的配套服务。

（一）基础优势明显

青岛作为国家现代海洋产业发展先行区、"一带一路"新亚欧大陆桥经济走廊主要节点和海上合作战略支点城市，最近又获批上海合作组织地方经贸合作示范区和自由贸易试验区，已为建设区域性科技创新中心打下坚实的科技和产业基础。

科教实力雄厚。青岛现有国家部属高校3所、省属高校5所，国家211重点院校3所，国家驻青科研机构25家，省属科研机构6家，具有丰富的科教资源和智力优势。海洋科学、水产、海洋药物与食品、植物学与动物学、生物学与生物化学、环境学与生态学、药理学与毒理学、工程技术、材料科学等学科优势明显，进入基本科学指标（ESI）全球排名前1%。

产业基础良好。青岛新兴产业快速崛起，当前高新技术企业已达3 112家，占全省总数的35%。国家科技型中小企业1 812家，千帆企业2 632家。杰华生物的乐复能获批全省14年来首个国家一类新药，并成为全省首家独角兽企业。国家级孵化载体达到138家，居副省级城市首位。

创新资源集聚。青岛已建有青岛海洋科学与技术试点国家实验室、国家高速列车技术创新中心、国家深海基地等重大研发平台。此外，高端创新要素不断集聚。中国科学院在青岛已形成"两所十基地一中心一园一城"的发展格局，集聚人才2 000余名，孵化公司50余家。西安交通大学、哈尔滨工程大学、北京航空航天大学、北京大学、复旦大学等17所高校在青岛设立研究院或科技园。中国海洋石油集团有限公司、中国船舶重工集团有限公司、机械科学研究总院集团有限公司、中国航天科技集团有限公司、深圳华大基因股份有限公司等央企和知名民企在青岛设立研发机构。青岛还先后引进了日东（青岛）研究

院、西门子(青岛)创新中心、青岛－亚马逊 AWS 联合创新中心等国际研发机构。

(二)创新要素尚有不足

对比区域科技创新中心的标准要求,青岛在人才、资本、科技成果转化等创新生态要素上还存在一些短板和差距。

人才要素集聚不够。青岛人才数量不足,全市人才总量 193 万人,低于深圳(510 万人)、成都(267 万人)、苏州(260 万人)及杭州(221 万人),且质量不高,高层次人才偏少,驻青院士 33 人,而仅浙江大学就有 38 人,南京大学有 32 人。驻青院士多数从事基础理论研究,产业开发应用型人才不足。

资本要素体量不大。青岛登记在册的私募基金数及总量分别为 414 家和 640 亿,而深圳为 13 523 家、1.79 万亿,杭州为 1 485 家、4 354 亿,苏州为 1 000 家、3 000 亿。体量上的巨大差距使青岛创新创业的"第一桶金"获取相对不易,这是创新生态中青岛与深圳之间最大的差距之一。同时,投资理念上青岛基金也过于谨慎、相对保守。

科技成果转化不畅。科技成果源头供给不足,驻青高校学科与地方产业匹配度不高,产业化导向不强。目前,高校科研还多以职称晋升为目的,成果转化次之,所形成的成果也大多不具备转化价值,无法实现转化。

企业要素规模不强。企业创新主体地位还不够突出,如民营企业数量,青岛为 41.54 万户,深圳185.9 万户,苏州 59.3 万户,杭州 48.1 万户。青岛高企数量实现较大增长,达到 3 100 家,但深圳、广州已分别突破 14 000 家和 10 000 家,差距仍十分巨大。

机构要素支撑不足。驻青高校数量偏少,公办普通本科高校南京有 25 所,西安有 24 所,武汉有 23 所,广州有 22 所,杭州有 18 所,而青岛仅有 8 所。引进科研院所发展不平衡,中国科学院青岛生物能源与过程研究所、中国科学院工程热物理研究所、哈尔滨工程大学青岛船舶科技园等建成机构已在各自产业领域发挥重要支撑作用,同时还有不少在建或筹建院所,对青岛经济发展的支撑效果尚未完全显现。

二、区域性科技创新中心建设对策措施

青岛应以构建科技创新为核心的全面创新体系为强大支撑,着力增强原始创新能力,打造区域原始创新策源地,着力推动科技和经济结合,建设创新驱动发展先行区,着力加强科技创新合作,形成开放创新核心区,着力深化改革,进一步突破体制机制障碍,优化创新创业生态,形成较强的集聚辐射创新资源能力、重要成果转移和转化能力、创新经济持续发展能力,为实现经济高质量发展提供科技创新的强劲动力。

(一)强化原始创新能力

争取海洋科学与技术试点国家实验室正式入列。加快中国科学院海洋大科学研究中心建设,打造全国乃至全球高水平创新平台、人才高地和新兴产业培育基地。加快国家高速列车技术创新中心、国家深海基地、中国科学院洁净能源创新研究院暨山东能源研究院建设。加强国家重点实验室、国家工程研究中心、国家企业技术中心等建设,开展基础研究、应用基础研究和产业共性关键技术研究。在生物医药、新能源、现代海洋等领域,布局一批大科学计划项目,开展基础前沿技术研究,提升青岛的原始创新、自主创新、集成创新、协同创新能力,打造全球原始创新策源地。推动超级计算升级系统建设、海洋科学考察船队建设、轻型航空发动机热物理实验装置建设、海洋环境模拟和实验设施建设等。

(二)提升技术创新能力

聚焦海洋、智能家居、橡胶新材料、轨道交通等传统优势产业领域,统筹人才、企业、机构、平台、项目等创新资源,实施一批产业技术创新工程,开展共性技术研究开发与产业化应用示范,打造国内乃至全球的产业高峰。培育重点新兴产业。结合现有科研和产业基础,围绕重点微电子、5G、人工智能、新能源汽

车、生物医药与医疗器械、轻型航空动力、仪器仪表、能源与新材料等发展产业方向,实施一批技术创新工程,开展共性技术研究开发与产业化应用示范,通过"双招双引"和政策扶持,推动新兴产业跨越发展。

(三)增强企业创新活力

建立高新技术企业上市培育库,开展高新技术企业挂牌上市行动,积极帮助企业对接资本市场。培育千家千帆企业,强化科技金融、高企认定、专利运营等精准服务,加大企业创新产品(服务)采购支持。全面推行研发费用加计扣除、企业税收减免优惠等普惠性政策,降低企业创新创业成本。通过搭建高端平台、实施重大专项、布局创新中心等方式,支持海尔集团、海信集团、中车青岛四方机车车辆股份有限公司、中电科仪器仪表有限公司等龙头科技企业提升技术创新能力,带动产业链上下游企业创新发展。支持驻青高校院所根据青岛产业发展人才需求,调整优化学科设置,重点支持10个左右的学科加强内涵建设,提升协同创新水平和人才培养质量,根据绩效予以支持。

(四)培育创新创业生态

大力发展创业风险投资,重点支持原始创新、成果转化和高端科技型产业化项目培育。发挥政府引导基金杠杆作用,支持设立天使投资基金、孵化器种子投资基金,支持引进海外天使投资人等国际创投资本和企业。完善科技金融风险补偿机制,对金融机构为科技型中小企业提供贷款、担保给予补助。实施科技金融特派员计划,及时了解和帮助满足科技型中小企业融资发展需求。搭建"政府-银行-蓝海股权"融资需求直报系统平台,设立科技重点项目库、成果库、企业库、人才库,优质项目资金需求通过平台分发到各商业银行和投资机构进行对接。

推进孵化服务提质增效。引进国内外知名孵化机构,打造标杆孵化器。在北京、深圳等创新资源密集城市布局建设异地孵化器,承接更多外地科技成果来青转化。在英国、以色列等国家建设离岸孵化基地和海外人才离岸创新创业基地,打造"海外预孵化-本地加速孵化"的国际技术转移模式。举办创新创业大赛、"蓝洽会"、国际技术转移大会等活动,打造具有鲜明特色和重大影响力的创新创业品牌。

完善技术转移机制。建设产业技术研究院,打造科技体制改革的"试验田"。常态化开展产学研对接专项行动,实现科技成果供给端与需求端精准对接。推进国家海洋技术转移中心建立市场化机制,打造全国高端海洋技术交易平台。支持高校院所建立专业科技成果转移转化机构,培养职业化、国际化的技术经纪人队伍。

强化人才引进培养和服务。坚持人才、项目、平台一体化推进原则,强化科技创新创业人才引进和培养,对急需或特需高层次人才(团队),可"一事一议"予以支持。以培育壮大高新技术企业为抓手,着力培养一批懂技术、懂市场、懂管理,具有国际视野、战略思维和开拓精神的创新型企业家。围绕发展新型科技服务业态,引进和培育创业孵化、技术转移、科技金融等各类科技服务人才。强化知识产权保护与运用。实施全民科学素质提升行动。

(五)推动区域协同发展

优化青岛科技创新布局。统筹推进山东半岛国家自主创新示范区、西海岸新区、高新区等园区建设,加大体制机制改革和政策先行先试力度,完善从技术研发、技术转移、企业孵化到产业集聚的创新服务和产业培育体系,形成各具特色的区域创新发展格局。鼓励青岛各区(市)根据各地资源禀赋、产业特征、区位优势、发展水平等基础条件,围绕重大创新任务和区域重点产业发展,因地制宜,探索各具特色的发展模式,形成"各具特色,均衡发展"的科技创新格局。

构建山东沿海区域协同创新共同体。整合山东沿海区域科技创新资源,打造区域创新发展战略高地。加强宏观指导和政策支持,结合沿海区域产业链布局需要,开展联合技术攻关、成果推广和示范应用。完善协同创新体制机制,推动科技创新政策互动,实现科技资源要素的互联互通。建设协同创新平台载体,围绕产业优化升级共建协同创新研究院,围绕大众创业、万众创新共建科技孵化中心,围绕创新成果转化共建科技成果转化基地,等等。

（六）深化科技体制改革

推进科技计划管理改革。改革科技项目形成和组织实施机制,简化科研项目申报和过程管理。改革项目评审和立项机制,加大企业、创投、咨询等领域专家参与度和话语权,把产业化作为项目评审的重要依据。建立决策咨询制度,聘请高水平专家,成立科技创新决策咨询专家委员会,加强对战略、规划、政策及重大项目的决策咨询。改革科技人才评价体系,对基础研究人才着重评价研究质量和原创价值,对应用开发人才坚持以市场评价、产业贡献等作为考量依据。打破以"帽子"论英雄的"四唯（唯论文、唯职称、唯学历、唯奖项）"倾向,在市级科技计划项目申报中进一步弱化称号、学历、职称等前置性门槛,引导鼓励更多人才参与科技项目研发。

参考文献

[1] 臧学英,赵万明. 天津建设具有国际影响力的产业创新中心和国家级区域创新中心的对策建议[J]. 天津经济,2017(7):3-6.

[2] 隋映辉. 区域创新共同体建设的若干问题与建议[J]. 科技中国,2019(6):64-67.

[3] 李星洲,刘妙. 全球科技创新中心发展启示[J]. 投资北京,2019(1):22-25.

编　写:蓝　洁

审　稿:谭思明

青岛海洋环境监测存在问题及对策建议

中国作为海洋大国,自改革开放以来,在海洋环境监测领域取得了显著成果。监测业务体系的完善、监测内容的丰富等,促进了海洋环境监测领域的发展。伴随中国经济的迅速发展,海洋环境却受到了严重的污染破坏。海洋环境监测是一种有效研究海洋环境的方法,有助于改善海洋环境和推动海洋经济发展。本文以青岛海洋环境监测领域为例,对青岛海洋环境监测发展及现状进行分析。为了有效改善海洋生态环境,合理利用海洋资源,促进经济建设,文中提出了推动青岛海洋环境监测领域发展的对策建议,优化海洋环境监测方案、加大监测信息发布力度等,将对增强青岛海洋管理、维护海洋生态环境健康起积极的推动作用。

一、青岛海洋环境监测面临的问题

青岛地处山东半岛东南部,东、南濒临黄海,七区三市绝大多数有海岸线,海洋环境在青岛发展中占重要地位。随着经济的迅速发展,青岛对海洋环境监测服务需求不断提升,而海洋开发力度的增大,使得经济对海洋的依赖程度也有所提升,这无疑对青岛海洋资源的开发利用、保护及环境监测提出了更高的要求。目前,青岛海洋环境监测面临以下问题。

(一)海洋环境监测能力有待加强

海洋应急监测能力不足,普遍缺乏现场、快速、实时监测设备和技术手段,甚至有些监测机构尚不具备油指纹快速鉴定、放射性应急监测能力,极大影响了应急响应效率。除此之外,基层监测机构人员普遍不足。受条件限制,基层监测机构人才队伍不稳定,专业人才匮乏,关键技术岗位人才严重缺失,这些都影响了监测工作的完成效率和质量。

(二)海洋环境信息协调机制不健全

海洋环境信息协调机制不健全表现在各涉海部门在海洋环境监测数据信息共享发布方面缺乏有效沟通协调,信息交流不畅,甚至形成信息壁垒。海洋部门缺乏陆源污染入海信息,无法全面准确评价陆源污染对海洋环境影响状况。此外,海洋环境信息相互矛盾现象时有发生,原环境保护部发布的《中国近岸海域环境质量公报》与原国家海洋局发布的《中国海洋环境状况公报》使用的监测数据及技术标准不统一,严重影响和制约政府部门的公信力。

（三）监测工作服务效能不足

监测工作不是简单的重复采样、记录数据，而是从海洋环境保护的角度出发，制定科学有效、针对性强的监测方案。目前青岛在监测站点布设、要素筛选、时间频率设置等方面无法满足监测工作基础性、长期性、连续性、前瞻性的要求，在评价中多以直接监测结果作为评价结论，无法满足责任海域海洋环境保护与管理工作的需求。监测评价工作未能与沿海社会发展、产业结构调整优化紧密结合，对污染受损海域、生态敏感海域、重要功能海域、潜在风险源等的监测广度和深度普遍不足，服务支撑仍处于提供基础数据信息的初级阶段，海洋环境监测对沿海经济社会发展的支撑力不足。

海洋环境监测信息服务对象和范围较窄，面向社会公众的信息形式单一，监测信息不公开不透明，未能充分保障公众的知情权。监测信息发布时效性普遍不强，缺少实施动态和预警、预报式信息发布，尤其在海洋环境灾害及突发事件的应急响应中，监测信息发布不及时、不到位，极易造成不良的舆论反应和社会影响。

（四）海洋环境监测经费投入缺少保障

由于近年来国内经济环境的变化和全球环境的恶劣趋势，海洋环境监测工作越发重要。就青岛而言，面临的问题首先是对海洋环境监测的经费投入力度不够，投入机制缺少保障，导致海洋监测工作面临一些困难，这将成为制约青岛海洋环保事业前进的最大阻碍。

二、海洋环境监测发展对策建议

长期的监测、评估和研究调查显示青岛的海洋环境问题日益突出，前景不容乐观。海洋环境污染已严重制约了青岛海洋资源的开发利用，长期发展下去，将给青岛海洋环境造成难以挽回的灾难性后果。面对青岛经济社会的发展形势，需要从多个方面提出相应的解决策略，从而进一步推动青岛海洋开发和利用工作的快速发展。

青岛海洋相关部门必须积极调整发展方向，制定符合青岛海洋环境长期稳定的发展规划，构建全面的海洋自然环境管理体系和完善的生态环境监测体系，充分发挥海洋环境监测在海洋资源利用和环境保护中的巨大作用。具体对策建议有以下几点。

（一）加强专业人才队伍建设

海洋环境监测工作关系到青岛未来的资源利用和经济发展计划，重要性不言而喻。有关工作人员必须与时俱进，不断补充自身的专业知识，提高技术能力，提升个人职业素养，转变不良的消极思想和工作态度，以最饱满的热情全身心地投入工作，这样才能在复杂多变、难度颇大的海洋环境监测工作中让问题迎刃而解。

青岛海洋相关部门应出台海洋环境监测评价专业技术人员资质管理制度，将资质管理与人才评价、职称评定、奖惩保障等制度挂钩，提升队伍整体素质，在职称评定过程中，向海洋环境监测业务化工作专业技术人员倾斜。同时，青岛政府应鼓励高校、科研机构培养新型监测人才，创新监测手段，从而形成现代化的立体监测技术网络。

（二）提高海洋监测水平，加强海洋环境监测能力建设

要增强整体海洋环境监测能力，对高素质人才队伍的培养是有关部门不可忽略的任务。例如，有关海洋部门要针对企业内部人员实行有针对性、循序渐进的培训计划，可以定期、分拨对各岗位人员进行专业知识技能的培训和思想素质的教育，并在培训之后考核员工，杜绝无证上岗现象，提升员工工作责任感，完成对全员的技术知识的补充，更好地为海洋环境监测工作服务。

同时，青岛政府应加大对各级监测机构人员编制、经费、技术、装备等方面的支持力度，推进地方危险

化学品、溢油鉴定和放射性物质监视监测能力建设,以适应新时期海洋环境监测任务的要求。

(三)构建完善的海洋监测体系

发达国家已经构建了完善的海洋环境监测体系。构建完善的体系是我国海洋环境监测实现跨越式发展的重要支撑。但我国海洋监测发展必须与我国实际情况相结合,应构建与我国海洋环境相适应的工作模式,制定适用性较强的规范指标。

(四)加强监测基础科学研究

在海洋管理工作中,海洋环境监测地位重要性凸显。海洋监测属于新兴学科,因此研究学习海洋环境监测科学理论应受到高度重视。

(五)优化监测方案,加大监测信息发布力度

在传统监测方案的基础上展开多方位、多角度的监测内容,推进海洋环境实时在线监测,建立覆盖胶州湾沿岸等生产生活区域和重要城镇的海洋环境监视监测网络体系。建立海洋环境监测信息发布平台。海洋监测工作应实现监测信息实时向社会公众公布,满足社会公众知情权。同时应加大海洋信息共享力度,加大对历史数据信息的整理、加工力度。在此基础上,建立健全跨部门、跨区域海洋环境监测信息共享机制。

(六)完成对海洋监测工作的细化管理和制度完善

保证海洋环境的质量健康,是监测工作的主要目的。有关海洋监管监测部门应该进一步加大监督审查力度,补充与完善现有的质量控制制度,同时细化监测工作内容,落实岗位人员的责任,重新制定科学、合理、高效的海洋监测方案,严格遵循全国海洋环境监测质量的标准和要求,使得日常的海洋监测工作变得更具规范性、实用性,真正落实海洋监测方案中的每一个计划任务,在不断的分析、研究与实践中,推进海洋监测工作的进一步发展。

参考文献

[1] 胡青. 海洋环境监测工作存在的问题及发展对策 [J]. 绿色科技,2017(6):100−101.

[2] 刘文海,耿敏. 关于海洋环境监测工作的思考与建议 [J]. 地球,2015(4):338.

编　写:初　敏
审　稿:谭思明　王云飞

水下智能装备推进技术专利分析

推进器是水下机器人、深潜器、自主式水下航行器等水下智能装备的推进动力装置，其吸收主机功率产生推力，推动智能装备向前运动。推进器是水下智能装备设计中的关键技术之一，在整个体系结构中占有举足轻重的地位。目前，螺旋桨推进、喷水推进、超导磁流体推进和仿生推进是主流推进技术，各有自身的特色，但也存在着不足，为此，世界各国一直致力于新的推进方式和推进技术的研究。

本文针对水下智能装备的推进技术，从专利总体趋势、地域分布、主要申请人、技术构成与发展动向等角度揭示该领域专利活动特征，为我国有关机构的专利布局对策提供事实依据。

一、专利申请总体发展趋势

通过法国 Questel 公司专利数据库进行检索，共得到水下机器人、深潜器、自主式水下航行器等水下智能装备推进技术相关专利族 450 项[①]。

图 1 给出了专利申请数量的年度（基于最早申请年）变化趋势。可以看出，2008 年以前该技术发展缓慢，年申请量不足 10 项；2009—2014 年为缓慢增长阶段，年申请量保持在 20～30 项；2015 年起专利申请数量开始持续大幅增长，2017 年的申请量达 104 项，至今热度不减[②]。

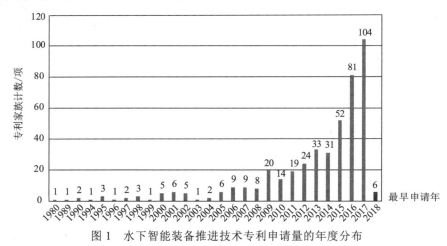

图 1　水下智能装备推进技术专利申请量的年度分布

---

① 数据检索条件为公开日期在 1997 年 1 月 1 日—2018 年 8 月 1 日。
② 由于专利从申请到公开到数据库收录，会有一定时间的延迟，图中近两年特别是 2018 年的数据会大幅小于实际数据，仅供参考。

二、专利技术布局

从专利技术分布来看,水下智能装备推进技术领域主要包括以下几个方面:螺旋桨推进,占44.9%;仿生推进,占16.7%;泵喷推进,占8.9%;推进系统研究,占8.0%;推进器结构研究,占4.2%;磁流体推进,占3.3%;磁耦合推进,占2.4%;矢量推进,占2.2%;超空泡推进,占1.6%;其他推进技术,占7.8%。各技术领域专利申请数量见表1。

表1 水下智能装备推进技术构成

技术分类	专利申请数量/项
螺旋桨推进	202
仿生推进	75
泵喷推进	40
推进系统	36
其他推进技术	35
推进器结构	19
磁流体推进	15
磁耦合推进	11
矢量推进	10
超空泡推进	7

三、重要国家/地区分布

(一)技术原创国分析

在专利分析中,同族专利的最早优先权国家分布或没有优先权的首次专利申请可以用来表征原创技术的分布情况。表2对水下智能装备推进技术专利的首次申请国家、地区(组织)进行统计。分析发现,中国大陆处于首位,其专利数量大幅领先于其他国家、地区(组织),占据了72.9%的份额;美国、拉脱维亚、韩国、俄罗斯、日本、德国、英国、乌克兰、法国等也是该项技术的主要技术原创国,但是专利数量与中国大陆有较大的差距。

表2 水下智能装备推进技术专利首次申请国家、地区(组织)分布

国家、地区(组织)	专利申请数量/项	占比	国家、地区(组织)	专利申请数量/项	占比
中国大陆	328	72.9%	乌克兰	5	1.1%
美国	40	8.9%	法国	4	0.9%
拉脱维亚	15	3.3%	土耳其	3	0.7%
韩国	13	2.9%	西班牙	2	0.4%
俄罗斯	11	2.4%	波兰	2	0.4%
日本	10	2.2%	世界知识产权组织	2	0.4%
德国	8	1.8%	丹麦	1	0.2%
英国	5	1.1%	中国台湾	1	0.2%

(二)专利技术流向分析

通过对专利受理国家、地区(组织)的分析,可以了解专利技术的战略布局和技术流向性。技术原创

国和技术目标申请国排名基本相似,可见中国大陆、美国、拉脱维亚、韩国、俄罗斯、日本等不仅是水下机器人推进技术的主要技术原创地,也是主要技术保护地(表3)。

表 3　水下智能装备推进技术专利受理国家、地区(组织)分析

国家、地区(组织)	专利申请数量/项	占　比	国家、地区(组织)	专利申请数量/项	占　比
中国大陆	330	73.3%	日　本	6	1.3%
美　国	46	10.2%	乌克兰	5	1.1%
拉脱维亚	15	3.3%	英　国	4	0.9%
韩　国	11	2.4%	法　国	2	0.4%
俄罗斯	11	2.4%	波　兰	2	0.4%
世界知识产权组织	9	2.0%	西班牙	1	0.2%
德　国	7	1.6%	中国台湾	1	0.2%

四、高被引专利分析

被引超过10次的专利共计26项,来源于5个技术原创国:美国、中国、英国、韩国、日本。其中,美国13项,中国8项,英国和韩国各2项,日本1项。从专利被引次数来看,高被引专利被美国、日本和英国掌握,被引次数最高的是由美国Geiger, Michael B申请的泵喷推进专利技术,被引高达105次。中国专利最高被引17次,是哈尔滨工业大学2006年申请的胸鳍波动仿生推进技术。中国在专利被引用方面与美国、日本、英国的差距较大(表4)。

表 4　水下智能装备推进技术部分高被引专利列表

序　号	公开号	申请年	技术原创国家	总被引次数/他引次数	专利技术	申请人(专利权人)
1	US5947051	1997	US	105/105	泵喷推进	Geiger, Michael B.
2	US6692318	2002	US	66/66	泵喷推进	宾夕法尼亚州立大学研究基金会(Penn State Research Foundation)
3	US7290496	2006	US	49/49	泵喷推进	阿卜杜拉二世国王发展基金(King Abdullah II Fund for Development)
4	US6089178	1998	JP	47/43	翼控制推进器	三菱重工业株式会社(Mitsubishi Heavy Industries, Ltd)
5	US6725797	2000	US	39/37	超空泡推进	Hilleman, Terry B.
6	US6247666	1998	US	23/19	鳍式推进器	洛克希德-马丁-沃德系统(Lockheed Martin Vought Systems)
7	CN101519116	2008	GB	22/20	超导转子绕组的推进马达和电力转换器	通用电气电能变换技术有限公司(GE Energy Power Conversion Technology)
8	US6482054	2001	US	22/22	全电动力隧道推进器	宾夕法尼亚州立大学研究基金会(Penn State Research Foundation)
9	US6739266	2003	US	18/15	超空泡推进	美国海军(US Navy)
10	CN100374352	2006	CN	17/17	胸鳍波动仿生推进	哈尔滨工业大学
11	US5758592	1997	US	16/15	泵推进	美国海军
12	US6849247	2002	US	15/15	超空泡推进	美国海军
13	US6572422	2001	US	14/14	螺旋桨推进	蒙特利湾水族馆研究所(Monterey Bay Aquarium Research Institute)

序号	公开号	申请年	技术原创国家	总被引次数/他引次数	专利技术	申请人（专利权人）
14	CN100506639	2007	CN	14/13	螺旋桨推进	哈尔滨工程大学
15	GB200021822	2000	GB	14/14	涡轮机蒸汽驱动	英国 Rotech Holdings 有限责任公司
16	US5702273	1996	US	13/12	螺旋桨推进	美国海军
17	US5603279	1995	US	13/13	泵喷推进器	美国公司 Performance 1 Marine, Inc.
18	CN2811163	2005	CN	12/11	仿鱼尾推进	哈尔滨工程大学
19	CN202499268	2012	CN	11/11	仿生推进器	台州职业技术学院
20	CN101508335	2009	CN	11/10	螺旋桨推进	天津大学
21	CN104029805	2014	CN	11/9	螺旋桨推进	上海大学
22	US20060246790	2005	US	11/11	喷水推进	洛克希德·马丁公司（Lockheed Martin Corporation）
23	CN103998186	2012	KR	11/9	其他推进器	韩国海洋科学技术院（Korea Institute of Ocean Science and Technology）
24	CN101913418	2010	CN	10/9	泵喷推进	华南理工大学；广州市番禺灵山造船厂有限公司
25	CN104029197	2014	CN	10/6	螺旋桨推进	山东大学
26	KR20080093536	2007	KR	10/9	螺旋桨推进	大宇造船海洋株式会社（Daewoo Shipbuilding & Marine Engineering Co., Ltd）

五、专利申请人分析

（一）申请人排名

表 5 列出了专利公开数量在 5 件及 5 件以上的机构，共有 15 家。其中，国内机构 12 家，占 15 家专利总量的 82%；国外机构 3 家，占 15 家专利总量的 18%。

表 5　全球水下智能装备推进技术专利公开数量排名前 15 的机构

序号	机构	专利家族数/项
1	哈尔滨工程大学	39
2	中国科学院沈阳自动化研究所	23
3	天津深之蓝海洋设备科技有限公司	20
4	浙江大学	17
5	拉脱维亚里加科技大学（Rigas Tehniska Universitate）	15
6	美国海军	12
7	乐清市风杰电子科技有限公司	7
8	河北工业大学	6
9	江苏科技大学	6
10	马鞍山福来伊环保科技有限公司	6
11	上海大学	6
12	乌克兰马卡洛夫国立造船大学（Admiral Makarov National University of Shipbuilding, Ukraine）	5
13	北京航空航天大学	5
14	广州市番禺灵山造船厂有限公司	5
15	华南理工大学	5

（二）申请人研发趋势分析

从一个公司的专利申请历史，可以预测其未来研发趋势。从图2可以看出，排名靠前的几家机构主要分为以下几类：第一类是研发历史较长、专利产出平稳的机构，主要有哈尔滨工程大学、中国科学院沈阳自动化研究所、浙江大学、拉脱维亚里加科技大学，该类机构早在2010年之前已经开始相关研究；第二类是入行时间短、研发较活跃、年公开量还较少的机构，主要有上海大学、江苏科技大学、河北工业大学、天津深之蓝海洋设备科技有限公司；第三类是近两年刚入行的机构，主要是侧重技术服务的公司，如乐清市风杰电子科技有限公司、马鞍山福来伊环保科技有限公司；第四类机构已基本退出该研究领域，它们自2013年至今未见公开相关专利，主要有美国海军、乌克兰马卡洛夫国立造船大学、北京航空航天大学、广州市番禺灵山造船厂有限公司、华南理工大学。

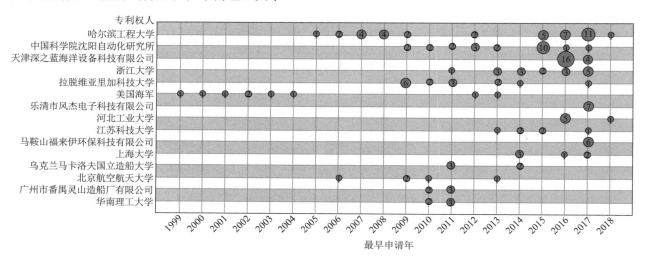

图2　专利公开数量排名前15的机构专利年度分布

（三）被引次数最多的申请人排名

专利被引指标可以从一定程度上反映一个机构在该领域的技术影响力。图3为总被引次数排名靠前的机构，可以看出，哈尔滨工程大学、美国海军、华南理工大学、上海大学、广州市番禺灵山造船厂有限公司、天津大学、中国科学院沈阳自动化研究所等的他引次数较多，在该技术领域的影响力较大。

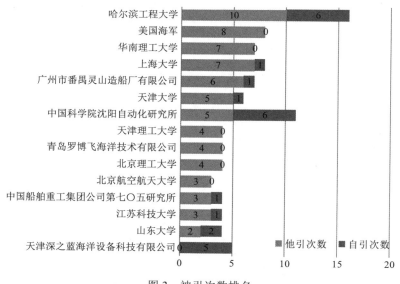

图3　被引次数排名

（四）重点申请人分析

排名前 11 位申请人的专利概况、专利技术领域、研发重点及重点专利见表 6。可以看出,哈尔滨工程大学、中国科学院沈阳自动化研究所、浙江大学专利数量位居前列,研究时间长,专利产出稳定,在该技术领域的影响力较大;上海大学、江苏科技大学、河北工业大学、天津深之蓝海洋设备科技有限公司近几年研发活跃,涉足该领域时间较短,专利总量还较少;乐清市风杰电子科技有限公司、马鞍山福来伊环保科技有限公司近两年开始涉足该领域,侧重于专利技术服务;国外机构拉脱维亚里加科技大学研发状态稳定,美国海军实验室 2015 年后未再公开新的专利;各机构研发侧重有所不同:哈尔滨工程大学侧重仿生推进和螺旋桨推进的研究,中国科学院沈阳自动化研究所以推进器系统(结构)和推进控制系统为研究重点,浙江大学、上海大学、江苏科技大学致力于螺旋桨推进技术的研究,河北工业大学在螺旋桨推进、仿生推进和磁耦合推进技术方面均有涉及,天津深之蓝海洋设备科技有限公司涉及面广,拥有悬挂推进器组方面的重点专利。

表 6　重点申请人专利信息列表

序号	机构名称	申请专利/项	公开年份	法律状态	专利技术领域	研发重点	重点专利	备　注
1	哈尔滨工程大学	39	2006—2013	授权 12 项,在审 13 项,失效 14 项	仿生推进、螺旋桨推进、推进器故障检测、泵喷推进、磁耦合推进、矢量推进、推力优化分配、液压推进、推进器动力学仿真、推进器位姿控制	仿生推进和螺旋桨推进,各占 36 %、26%	六自由度水下机器人变向旋转轴推进器(CN101003300)、一种仿鱼尾推进系统的机械传动装置(CN2811163)	这 2 项重点专利技术被 20 家单位引用达 26 次
2	中国科学院沈阳自动化研究所	23	2010—2018	获授权 12 项,在审 6 项,失效 5 项	推进器系统(结构)、螺旋桨推进、推进控制系统、磁耦合推进、矢量推进。	推进器系统(结构)、螺旋桨推进、推进控制系统	一种水下机器人推进装置的布置结构(CN104648643)、水下机器人用推进装置(CN205327384U)	这 2 项重点专利技术被哈尔滨工程大学等 4 家单位引用达 9 次
3	天津深之蓝海洋设备科技有限公司	19	2016—2018		螺旋桨推进、磁耦合推进、推进器电机、悬挂推进器组、推进器齿轮、推进器尾盖、推进器通信隔离	螺旋桨推进、磁耦合推进	一种用于水下机器人的动力系统及水下机器人(CN105836080)	专业从事全系列水下机器人及相关水下核心部件研发、制造、销售的高新科技企业,提供自主式水下航行器、水下滑翔机以及缆控水下机器人等小型水下运动载体的相关技术解决方案和产品
4	浙江大学	16	2014—2018	发明 12 项,授权 4 项,在审 5 项,撤回 3 项,实用新型 4 项	螺旋桨推进、泵喷推进、磁耦合推进、机翼推进、矢量推进、容错系统	螺旋桨推进	一种波浪力驱动的海面滑翔机(CN104149959B)	重点专利被上海航士海洋科技有限公司、武汉理工大学、哈尔滨工程大学引用,致力于波浪能驱动的滑翔机、水下机器人技术的研发

续表

序号	机构名称	申请专利/项	公开年份	法律状态	专利技术领域	研发重点	重点专利	备注
5	河北工业大学	5	2016—2018	授权3项,在审1项,无效1项	螺旋桨推进、仿生推进、磁耦合推进	螺旋桨推进、仿生推进	一种微小型模块化AUV（CN105711777B）	水下机器人的研究主要由武建国研究团队主持,重点专利被河海大学、西安兰海动力科技有限公司2家单位引用进行水下机器人航行器的整体性能研究开发
6	上海大学	6	2014—2018		螺旋桨推进、泵喷推进、推进器监测系统	螺旋桨推进	一种浅水探测水下球形机器人（CN104029805）	重点专利被5家单位引用11次进行水下机器人动力驱动、控制系统、推进装置等方面的研究开发
7	江苏科技大学	6	2014—2018		螺旋桨推进、推进系统、推进器监测系统	螺旋桨推进	全向浮游爬壁水下机器人（CN103600821B）、倾转桨潜水器（CN104369849）	船舶、海洋、蚕桑为江苏科技大学三大学科领域特色
8	乐清市风杰电子科技有限公司	7	2017—2018	授权7项	螺旋桨推进	螺旋桨推进	一种能以任意角度驱动的水下机器人（CN107380382B）	近两年开始涉足该领域,侧重于专利技术服务
9	马鞍山福来伊环保科技有限公司	6	2014—2017	授权3项,在审3项	仿生推进、磁流体推进	仿生推进	一种仿生微型水下机器人（CN207015566U）	近两年开始涉足该领域,侧重于专利技术服务
10	拉脱维亚里加工科技大学	15	2009—2018		仿生推进、螺旋桨推进、其他推进技术	仿生推进	Fin vibrating actuator of water vehicle（LV14907）	里加科技大学是拉脱维亚一所以理工科类为主的综合性公立大学,位于首都里加,主要致力于仿生推进技术研究,研发状态稳定。专利公开时间集中于2009—2014年,2015—2017年没有专利产出,2018年公开1项
11	美国海军	13	1997—2014		螺旋桨推进、泵喷推进、超空泡推进、仿生推进	超空泡推进、泵喷推进	High-speed super-cavitating underwater vehicle（US6739266）、Undersea vehicle propulsion and attitude control system（US5758592）	美国海军部在水下智能研究领域具有国际领先的研发水平,超空泡推进和泵喷推进技术被引次数较高,螺旋桨推进占比近1/2,2015年后未再公开新的专利

六、结语

随着海洋探测、海洋开发的发展,水下智能装备的应用领域在不断拓宽,对推进技术的要求也越来越高。螺旋桨推进技术在不断完善,喷水推进技术在近几十年中得到迅速发展,磁流体推进和仿生推进技术还不是很成熟,目前尚未制造出可以大量应用的高效产品。为此,世界各国一直在不断探索新的推进方式。从专利分析结果来看,从2015年起,专利申请数量开始持续大幅增长,国内外对水下智能装备推进技术的研究热度在不断上升。我国起步虽晚,但自2013年以来发展迅速,专利公开量已居世界首位,但核心技术掌握不够,高被引专利仍被美国、日本、英国掌握。本文通过对水下机器人智能装备推进技术专利的分析,以期帮助企业及研究机构了解国内外专利发展态势,增强知识产权意识,把握发展先机,及时跟踪研究国外核心专利技术及其专利战略,为我国水下智能装备的发展起到一定促进作用。

参考文献

[1] 张翠英. 超小型水下机器人推进器设计与分析[D]. 兰州:兰州理工大学,2009.

[2] 李晔,常文田,孙玉山,等. 自治水下机器人的研发现状与展望[J]. 机器人技术与应用,2007(1):25−31.

[3] 张文瑶,裘达夫,胡晓棠. 水下机器人的发展、军事应用及启示[J]. 中国修船,2006,19(6):37−39.

本文作者:秦洪花　赵　霞　尤金秀　房学祥　宋福杰　王云飞

本文发表于《科学观察》2019年14卷3期

民生科技

国内外垃圾分类先进做法及对青岛的启示

垃圾分类是当下制约我国环保事业发展的瓶颈之一,也是环境污染、资源再利用困难的根源之一。我国正加速推进垃圾分类工作。2019年6月,习近平总书记对垃圾分类工作做出重要指示,强调培养垃圾分类的好习惯,全社会人人动手,一起来为改善生活环境努力,一起来为绿色发展、可持续发展做贡献。青岛市被列为垃圾分类工作重点城市。为促进青岛市垃圾分类工作,青岛市科技情报学会、青岛市科技信息研究院(青岛市科技发展战略研究院)在借鉴国内外先进做法的基础上,提出了完善生活垃圾分类管理体系和垃圾分类的全流程管理等建议对策。

一、国外垃圾分类先进做法

自20世纪70年代起,一些发达国家如日本、德国等,先后开始推行垃圾分类收集,并均已取得了显著的成效。

(一)立法遵循循环经济理念

日本自20世纪70年代起开始为废弃物处理立法,现行的法律包括《循环型社会基本法》《资源有效利用促进法》《容器包装再循环法》《家电再循环法》《食品再循环法》《建设再循环法》《汽车再循环法》等。这些法律主要用于指导废弃物的正确处理和推行再循环。

多年来,德国一直推动并实施循环经济理念,法规政策的制定具有超前性,取得了明显效果。法律法规的首要目标是避免垃圾产生,规定生活垃圾的各种可能的生产者都有义务降低垃圾产生量,最大限度地回收利用自己产生的垃圾,任何违反法律法规的污染行为都将受到巨额罚款。在此基础上,法律规定首先进行物质(包括能源)的回收利用;剩余垃圾的处理要采取有利于环境保护的技术和方法,在处理过程中处理产物都不能对环境产生污染。

(二)精准化的垃圾分类体系

在德国,垃圾分类是每个公民的义务,如果分类不到位,将受到高额罚款,且个人的社会信誉也会受到影响。为让居民熟悉垃圾的分类原则,每年年初,政府会将新的《垃圾分类说明》和《垃圾清运时间表》投到各家邮箱。德国的生活垃圾分类多采用"五分法",即将生活垃圾分为五类并分别投入不同颜色的垃圾桶。此外,居民需要把废玻璃、大件垃圾、有毒有害或电子废弃物投放到专门的回收站内。

日本也有一套细致严谨的垃圾分类收运处理流程。在日本,垃圾的分类遵循"3R(Reduce:减少使用将成为垃圾的物品;Reuse:再利用;Recycle:再一次作为资源利用)"原则。在采取这些措施后,仍然产生垃圾的话,民众要严格按照规定做好垃圾的分类、投放和资源的回收。垃圾分为可燃垃圾、不可燃垃圾、大件垃圾。垃圾的收运也受到严格的限制,如果错过了规定日期的指定时间,就只能存放垃圾到下个收集日再进行投放。

从上文可以看出日本、德国的垃圾分类有以下几个共同特点:一是有完善的垃圾分类法律法规体系;二是有成熟的垃圾分类体系,并且垃圾分类深入人心;三是有巨额的惩罚机制;四是有良好的民众环保意识。

二、国内垃圾分类先进城市的做法

(一)上海基本建成双向监督、全程监管的垃圾分类体系

上海各级绿化市容部门建立健全"不分类、不收运,不分类、不处置"双向监督机制,建立垃圾分类全程监管信息系统,通过智能称重、GPS 定位等措施,加强分类收集、运输、处置过程品质监控。

在推行依法垃圾分类中,上海注重制度保障,不断完善长效机制。有关部门全力推进市政府《关于贯彻〈上海市生活垃圾管理条例〉推进全程分类体系建设的实施意见》确定的 18 个配套文件的出台。其中,宾馆不主动提供一次性用品目录、餐饮行业不主动提供一次性餐具用品目录、公共机构限制使用一次性用品目录、生活垃圾处置总量控制办法、"不分类、不收运"等 16 个配套文件已出台,可回收物回收体系建设扶持政策、湿垃圾资源化利用产品用于农业生产的相关标准近期将颁布。

(二)广州探索垃圾分类精细化管理

2019 年 8 月 9 日,广州市城市管理和综合执法局向社会发布了《广州市居民家庭生活垃圾分类投放指南》(2019 年版)(下称"新《投放指南》")。新《投放指南》细致列举了可回收物、餐厨垃圾、有害垃圾、其他垃圾四大类 100 多种细目。近期还将配套发布条数超过 1 800 项的四大类生活垃圾分类细目,并根据实际情况不断细化更新。10 月,"广州垃圾分类查询系统 H5"、垃圾分类相关小程序和 APP 发布,进一步方便市民群众查询。在投放环节,通过微信小程序就可实现预约上门。

三、青岛市垃圾分类现状及存在的问题

《青岛市生活垃圾分类管理办法(草案)》将出台,将明确政府各部门职责及相应罚则。截至目前,青岛市区共有 124.9 万余户居民开展了生活垃圾分类,分类覆盖率达到 69%。青岛生活垃圾桶分布较多,但是垃圾分类现状不乐观。即使居民按餐余垃圾、可回收垃圾、有害垃圾以及其他垃圾进行分类投放,最终的分类收集、分类运输和处理也仍需加把力。目前青岛市垃圾分类方面还存在以下几个问题。

(一)尚未建立有效的垃圾分类管理体系

目前出台的《青岛市生活垃圾分类管理办法(征求意见稿)》中的城市垃圾分类投放相关规定中没有罚则,导致这种分类往往沦为自愿分类,无法有效执行。目前常见的情况是一些小区虽然垃圾桶旁有分类指南,但垃圾桶内仍"乱糟糟";有比较全的分类垃圾桶,但内部垃圾没有按要求投放;有的垃圾投放点缺少有害垃圾桶;有的投放点只有其他垃圾和可回收垃圾两种垃圾桶;有的有害垃圾桶内有丢弃的凉席、枯树枝和编织袋等。

(二)垃圾分类环节尚未形成闭环

垃圾分类涉及分类投放、分类收集、分类运输、分类处理等 4 个环节。当前的垃圾分类推广工作只对垃圾的分类投放进行了大力推广,强调不同颜色的垃圾桶投放不同垃圾,但收集垃圾时,分类垃圾桶被一股脑倒在同一个垃圾车上,分类投放之后的收集、运输、处理等环节无法配套衔接,导致垃圾分类在某种程度上无法有效实施。

（三）居民缺少对垃圾分类的基本认识

一是目前的关于生活垃圾分类的规定中将生活垃圾分为四大类，即有害垃圾、可回收垃圾、餐余垃圾和其他垃圾，相比于国内外先进城市的较为精细的垃圾分类方法，这种四分法的分类方式不利于公众的准确理解。二是宣传不到位，目前只能在比较大的垃圾投放点看到垃圾分类的说明，并没有宣传到户，居民在家中的垃圾分类无明确的操作指引。三是缺少垃圾分类信息系统或APP等智能化系统。

四、青岛市垃圾分类发展建议及对策

（一）健全生活垃圾分类管理体系

一是完善垃圾管理法规政策。制定明确的奖励和惩罚措施，且严格执行，有效引导政府的垃圾管理行为、公众的垃圾投放行为和企业的垃圾处理行为。二是制定垃圾减量分类的政策、实施方案，推进垃圾分类源头减量。三是完善生活垃圾分类投放、收运和处理系统建设，鼓励实行就地、就近充分回收和合理利用，减少末端垃圾处理量，提高回收利用率。

（二）完善垃圾分类的全流程管理

一是建立生活垃圾分类管理的统计指标和考评体系，制定生活垃圾分类投放、分类收集、分类运输、分类处理的服务运行规范和考核标准。二是在管理手段上，还需建立强制性惩罚措施，逐步实行环卫部门管理、专业公司提供服务的管理模式，选择有能力的企业承担垃圾收集、转运、处理、处置及资源化利用的工作。三是引导专业企业进入垃圾处理领域，鼓励政府资金和社会资本共同投资建设；加强市场准入，完善退出机制，实现全过程监管；探索引进第三方机构，开展对垃圾处理服务质量的监管和审计工作。加强对处理场站运营的技术指导、安全监督和经济监管，实施作业水平与运营经费核拨挂钩制度，保证垃圾收运处理设施规范安全运行。

（三）进一步优化分类标准，与信息化手段相结合

一是积极探索垃圾分类的工作机制和方式方法，引导居民分类投放；分类方法要更加简单，采用居民喜闻乐见的形式，开展多种主题宣传活动，积极听取居民意见，形成共治局面，倡导绿色健康的生活方式。二是以党建引领推进生活垃圾分类工作，提高居民参与垃圾分类的知晓率和分类准确率。垃圾分类的系统运行需要投入非常大的资源和力量，必须依靠政府有关部门动员社会各种力量和资源保障垃圾分类的实施，并且持续坚持，直到形成规范的制度约束和道德自觉，将垃圾分类内化为居民的生活习惯。

🪐 参考文献

[1] 陈凯.城市生活垃圾分类难点及对策[J].环境与发展，2019,31（10）：32,35.

[2] 麦茵茵,曾俏俏.城市生活垃圾分类处理模式理论及实践探讨[J].资源节约与环保,2019（10）：104.

[3] 王朦,谢宏华.上海垃圾分类的开展对大学校园垃圾分类的启示[J].中国环境管理干部学院学报,2019,29（5）：67-70.

[4] 王桂莲,万虹伶.城市居民生活垃圾源头分类政策梳理[J].区域治理,2019（43）：233-236.

编　写：孙　琴

审　稿：谭思明　李汉清　刘　瑾

关于山东省绿道建设与发展的建议

一、绿道的概念

（一）绿道的定义

2016年9月，住房城乡建设部印发的《绿道规划设计导则》给出的绿道的定义是："以自然要素为依托和构成基础，串联城乡游憩、休闲等绿色开敞空间，以游憩、健身为主，兼具市民绿色出行和生物迁徙等功能的廊道"。

绿道概念与绿道游径系统、绿道连接线、绿道设施和驿站等相关概念密不可分。其中，绿道游径系统是指绿道中供人们步行、自行车骑行的道路系统，是绿道的基本组成要素，包括步行道、自行车道与步行骑行综合道；绿道连接线指主要承担连通功能，且对人们步行或自行车骑行有交通安全保障作用的绿道短途借道线路，包括借用的非干线公路、非主干路的城市道路、人行道路、人行天桥等；绿道设施是为满足绿道综合功能而设置的配套设施，包括服务设施、市政设施与标识设施；而驿站是供绿道使用者途中休憩、交通换乘的场所，是绿道服务设施的主要载体。

（二）绿道建设的意义

（1）提升居民生活品质。绿道建设有助于完善城市公共体育服务基础设施建设，改变城市居民的休闲生活方式，拓展城市的服务功能，营造良好的城市归属感。

（2）提升城市综合功能。绿道建设有助于优化城市景观、加强城市绿化、平衡生态环境、改善城市气候。

（3）促进社会进步发展。绿道建设有助于城市交通发展、旅游业发展、公共基础设施建设、城乡协同发展。

二、国内外绿道发展概况

（一）国外绿道发展概况

1910—1913年，"绿道之父"奥姆斯特德设计了被称为"翡翠项链"的美国波士顿公园绿道系统——世界上第一条现代绿道。目前，北美的美国、加拿大，欧洲的英国、德国、法国，以及亚太的日本、新加坡等数十个国家，都先后开展了绿道规划建设，包括跨国绿道、国家级绿道、区域级绿道、地方绿道、社区绿道等不同级别（见附件1）。

（二）国内绿道发展概况

2008 年，广州增城区率先规划建设 500 km 长，集生态、休闲为一体的绿道，揭开了珠江三角洲绿道网建设的序幕。2016 年 9 月，住房城乡建设部发布《绿道规划设计导则》，对全国各地掀起的绿道建设活动予以规范。目前，全国各地正在掀起绿道规划建设的高潮，许多省（自治区、直辖市）相继出台了绿道建设发展规划。其中，北京、安徽两地最为突出。北京市先后出台了《北京市市级绿道建设总体方案（2013—2017 年）》《北京市区县绿道体系规划编制指导书》《北京绿道规划设计技术导则》《绿道体系交通衔接系统规划建设要求》《北京市绿道管理办法》；安徽省出台了《安徽省绿道总体规划纲要（2012—2020 年）》《安徽省城市绿道设计技术导则》《关于实施绿道建设的意见》，甚至还出台了《安徽省绿道建设省级专项资金管理暂行办法》。归纳起来，各地出台的绿道建设与发展相关文件大体包括绿道（网）专项规划、绿道总体规划纲要、绿道建设总体方案、绿道设计技术导则、绿道建设导则、绿道建设行动计划等，有些地方则是将绿道的发展建设纳入国民经济发展、旅游、生态、城市基础设施建设等规划之中。各地发展呈现出因地制宜的特点，多数是沿着城市公园、水系、森林和山地进行规划，涉及绿廊、步行绿道、自行车绿道等慢行交通系统及休闲网（见附件 2）。

三、山东省绿道发展现状

（一）绿道发展政府规划

山东省政府及有关部门十分重视山东省绿道的建设与发展。2017 年 1 月 21 日，山东省住建厅编制的《山东半岛城市群发展规划（2016—2030 年）》获得山东省人民政府批复（原则同意）。该规划指出："以济南、青岛都市圈和烟威、东滨、济枣菏、临日都市区为核心，综合生态保护、运动休闲、旅游观光等多种功能，有机联系具有较高价值的自然和人文资源，构建一体化的绿道网络。依托重要生态和文化资源，促进区域慢行系统的有机衔接，构建黄河绿道、山水圣人绿道、济青干线绿道、引黄干渠绿道、沿海绿道等 5 条区域主干绿道。推进各城市绿心、区域生态斑块和廊道有机衔接，实现城镇空间格局和生态保护格局的有机融合。"

此外，山东省人民政府《山东省生态环境保护"十三五"规划》、省住建厅《山东省住房城乡建设领域大气污染防治行动计划（2016—2017）》、省发改委《山东省推进服务业转型升级行动计划（2016—2020年）》以及省住建厅《关于加强园林城市（县城、城镇）创建有关工作的通知》等文件均对山东省绿道建设做出了相应的部署。

目前，省住建厅正在研究起草《关于推进全省绿道规划建设管理工作的意见》，逐步建立完善有关技术标准体系，为绿道建设工作提供政策和技术保障。

（二）山东各地绿道发展情况

2011 年以来，济南、日照、威海、泰安、莱芜（现划归济南，这里介绍划归前的情况）、聊城、潍坊、济宁、滨州、德州、菏泽等也出台（发布）城市绿道建设发展规划，城市绿道建设正在全省范围内悄然兴起，详见表 1。

表 1　山东省各城市绿道规划建设情况

城　市	规划名称（规划时间或出台时间）
济　南	《济南市绿道网规划设计》（2016）、《环山绿道专项规划》（2018）
青　岛	《青岛市绿道系统规划》（2013）
日　照	《日照市绿道管理办法》（2012）、《日照市绿道网规划建设实施意见》（2012）、《2012 年日照市绿道网建设方案》《日照市绿道网专项规划》（2012）、《日照市慢行系统及绿道专项规划》（2018 修编中）

续表

城　　市	规划名称（规划时间或出台时间）
莱　芜	《莱芜市绿道网专项规划》（2014）
聊　城	《聊城市国家森林城市建设总体规划》（2016—2025）、《聊城市城市绿地系统专项规划》（2016—2030 年）》
威　海	《威海市绿道网总体规划（2012—2020）》
泰　安	《泰安市绿道规划（2015—2030 年）》
潍　坊	《潍坊市自行车绿道规划》（2015）
济　宁	《济宁都市区绿道规划》（2016）
滨　州	《滨州市城区绿道专项规划》（2018）
德　州	《德州市绿道规划》（2018）
菏　泽	《菏泽市城市绿道规划》（2018 招标编制）
其他城市	淄博：打造覆盖大城区的自行车绿道系统（2017） 东营：中心城 10 条道路绿道进一步改造提升（2017） 枣庄：环城国家生态公园绿道入选全国首批"中国森林体验基地"（2016） 烟台：启动 9 条休闲绿道建设，城郊设 32 个游憩节点（2015）

通过近几年的建设与发展，山东省绿道已经初具规模，其中包括威海环海路、青岛滨海大道、临沂滨河步道、烟台滨海路、济南西营大道、枣庄山亭绿道、邹城峄山环山绿道等景色优美的步行绿道（见附件 3）。

四、山东省绿道建设的有利条件和存在的问题

山东拥有泰山、崂山、沂蒙山，黄河、沂河、大运河，微山湖、东平湖、大明湖，以及境内 17.51% 的森林覆盖率、全国最多的国家级湿地公园、全国 1/6 的大陆海岸线……秀美山东为发展绿道网络创造了优越的自然条件。山东是中国的经济大省，GDP 排名全国第三，发展省域绿道网络具有较好的经济基础。山东是孔孟之乡，拥有"三孔（孔府、孔庙、孔林）"、蓬莱阁、大汶口、琅琊台等诸多文化古迹，也是国内主要旅游目的地之一，更是一个人口大省，发展省域绿道网络具有较好的人文基础。

然而，山东省在发展省域绿道网络方面，也还存在着一些困难和不足。

一是省域绿道网络规划建设需要完善。一方面，山东省政府层面虽然有数个发展规划涉及绿道建设与发展，但尚没有一个真正的省域绿道网络规划，不仅与北京、安徽等地较为完备的政府规划相形见绌，对比山东省内日照等城市的绿道建设发展规划，也存在的显著差距。另一方面，绿道网络建设涉及省、市、县不同层次的城乡规划、土地、城管、交通、旅游、环保、绿化等多个部门，需要考虑到国家级绿道、省级绿道、市级绿道、区（市）绿道、社区绿道等多个层面，客观上需要建立有效分工、沟通、合作的工作机制。

二是绿道发展规模还十分有限。山东省内绿道建设尚处在各城市独自为政的状态，基本限于城区内部分区段或属于公园景区内游览步道，侧重于孤立的主体工程，呈现出"以点为主、局部成线"的现状，鲜有较为完善的城市绿道网络，省域绿道网络还仅仅只是一个雏形而已，更谈不上对邻省绿道建设的辐射与带动。

三是绿道功能有待拓展。由于省内许多城市市域绿道网络尚未形成，城市慢行绿道还很有限，绿道与公共交通的接驳点的发展建设尚未起步，所以已建绿道功能相对单一，在交通、旅游、环保、全民健身运动以及便民生活等方面的功能尚未得到充分的发挥。不仅如此，在绿道的服务功能方面，尚未形成基于驿站的绿道服务体系，绿道服务基本上还是一片空白，绿道服务能力更是无从谈起。

四是绿道发展有待融入当代高科技元素。如果能利用互联网及手机 APP 将智慧生活、智能交通、智慧旅游等智慧城市内涵应用到城市绿道管理服务中，必将更好地提升绿道综合服务功能，实现城市功能的智能飞跃，促进全省绿道的可持续发展。

五、关于山东省绿道建设发展的建议

（一）完善建设规划，构建省域绿道网络系统

一要编制省域绿道网络建设规划。依据住建部《绿道规划设计导则》，借鉴北京、安徽、广东、福建、上海等地省（市）域绿道规划建设先进经验，组织编制省域绿道网络总体建设规划，以及与之配套的（必要的）绿道设计导则、绿道建设导则、年度绿道网建设方案、试点示范重点绿道专项规划、慢行系统及绿道专项规划、地市级绿道规划编制指导意见等一系列配套规划文件。建立统一领导、明确分工、多层次、多部门沟通协调的工作机制，将绿道建设情况纳入各有关部门、各城市年度考核工作目标。

二要加快构建省域绿道网络系统。在黄河绿道、山水圣人绿道、济青干线绿道、引黄干渠绿道、沿海绿道等5条区域主干绿道的基础上，依托山东省域的山体、河流、高速公路/高铁沿线、森林、湿地、海滨、港湾、岛屿、沙滩，积极开展绿道建设，推进省域绿道网络的不断完善与发展。

三要开展城市绿道试点建设。以济南、青岛、日照等地为省级绿道建设试点城市，依托城市公园、高校校园、历史遗迹、名人故居、居民广场、社区绿地、特色街区、特色乡村，积极发展社区绿道，构建市域绿道网络。实现绿道网络与公交线路、地铁、机场、码头、城市广场、商业中心、行政中心、文化娱乐中心、中小学校、医疗网点、交通枢纽、街道、地下停车场互联互通，形成城市慢行系统。

四要做好辐射带动作用。发挥好省内试点城市对周边市域的辐射带动作用，共建城市群绿道网络；发挥好山东省域对河北、河南等邻省辐射带动作用，实现城市绿道、社区绿道、省立绿道、国家级绿道网相接，形成了4级绿道网互联互通。

（二）突出服务能力，开发省内城市绿道综合功能

一要拓展城市绿道综合功能。把公交大数据纳入绿道设计，作为绿道接驳公交选点的依据，实现拥挤地段行人有效疏散。通过绿道设计，将居民区与自然景观、地区风貌、风景名胜等破碎的空间和景观有机地串联在一起。通过绿道建设，实现城市绿地的连接，维护生态系统平衡，修复局地微自然生态环境，改善局地微气候。依托绿道完善城市公共体育服务基础设施建设，降低民众参与体育活动的门槛，满足民众户外休闲娱乐需求。此外，基于绿道的城市慢行系统为民众提供便捷生活环境，绿道系统串联起来的历史、文化遗迹和景区、景点、景观营造山东各城市良好旅游环境。通过一体化设计的沿河绿道，成为城市防洪防灾的一道天然屏障。

二要提升城市绿道服务能力。开展基于三级驿站的绿道服务网点（站）的布局设计，规划建设管理服务、商业、游憩健身、科普教育、安全保障、环境卫生以及市政、标识等绿道配套服务设施，积极组建、引进综合性绿道运营管理机构，鼓励零售、餐饮、旅游、体育、医疗、卫生、文化等机构参与绿道服务活动，构建包括公共设施、治安消防、医疗救护、科普宣教、导游解说、旅游引导、自行车租赁、景区电瓶车游览、共享单车固定停放、停车引导和志愿者服务等较为完备的城市绿道服务体系，满足公众在游憩、健身、文娱、宜居、安全等方面日益增长的生活品位需求，促进城市可持续科学发展。

（三）瞄准创新发展，构建山东智慧绿道宜居环境

一要搭建基于绿道的智慧生活服务平台。设立"城市绿道智慧服务"专项，构建"城市智慧绿道综合服务平台"，汇集城市交通、绿道和旅游景点安全监控，停车智能引导以及城市公共服务等海量数据信息，通过绿道驿站自助服务终端设备和手机APP，实现交通、旅游、健身、娱乐、餐饮、购物、公共卫生、医疗救护以及绿道驿站分布等的查询、引导、预约、在线咨询等自助服务功能。

二要将城市绿道融入智能交通体系。将步行绿道路线、自行车骑行道、共享单车停放点、公共交通接驳点、交通拥堵信息、交通事故信息、道路施工信息、停车场智能车位引导系统以及天气实况与天气预报等智能交通大数据相关信息纳入"城市智慧绿道综合服务平台"，方便市民合理安排出行方式与出行路线。

三要以城市绿道推进智能旅游。将景区景点与历史文化遗迹分布地图、景区实时客流信息、景区景点门票网上订购、景区周边交通实况、景区停车场泊位信息、景区周边餐饮住宿信息、景区景点天气实况与天气预报、当地旅行社及其旅行产品推荐、乡村旅游目的地信息、度假休闲村（含温泉）信息、城市公交信息、城际路网信息、铁路航空客流票源数据等交通旅游大数据相关信息及其自助服务，纳入"城市智慧绿道综合服务平台"，方便游客在山东各地"智慧旅游"。

　　四是推进全民健身运动智慧发展。将绿道自行车专用道地图、山地自行车专用道地图、休闲健身场所分布地图、暴走参考路线、各休闲健身场所信息、群众体育活动竞赛信息、运动健身网课等健身娱乐信息纳入"城市智慧绿道综合服务平台"，方便市民参与全民健身运动。

参考文献

[1] 张蒙蒙. 绿道的规划探究——以天津市绿道规划为例 [D]. 咸阳：西北农林科技大学，2016.

[2] 张云彬，吴人韦. 欧洲绿道建设的理论与实践 [J]. 中国园林，2007，23（8）：33-38.

[3] 于伟. 浅析美国东海岸城市绿道建设——以纽约城市绿道建设为例 [J]. 建筑学报，2012（S2）：5-8.

[4] 王勋. 迷人的外国绿道 [J]. 旅游纵览，2012（3）：18-19.

[5] 陈福妹. 日本绿道规划建设及其借鉴意义 [C]//2014（第九届）城市发展与规划大会论文集. 2014（第九届）城市发展与规划大会，2014-09-23，中国城市科学研究会，天津：1-5.

编　写：房学祥
审　稿：谭思明　李汉清　赵　霞

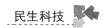

附件1 国际主要大型绿道项目列表

序　号	绿道项目	项目简介	实施层次
1	比利时佛兰德斯生态网络	区域结构的整合。在该网络及其支撑网络中,自然保护政策的制定是一个主要目标	区域、地方
2	比利时瓦隆生态网络	基于区域规划导则的社区层面的地方规划	地方
3	捷克景观生态稳定性的区域系统	基于功能性空间标准的具有重要生态学意义的景观单元的网络,以保护生物多样性、保护自然和支持多用途的土地利用为目的	跨国、国家、区域、地方
4	丹麦生态网络	作为县域综合规划一部分而开发的核心区域和生态廊道项目,建设目标是建立一个有利于物种传播的紧密联系的网络	区域
5	爱沙尼亚补偿区域网络	乡村区域的规划和管理。目标是在区域空间规划中形成理想的多样性景观形态和基础性生态结构	国家、区域、地方
6	德国莱茵 Pfalz 综合生境系统	遵循自然保护和自然生态群落的规划理念,发展核心区域和廊道,保护生物物种	区域、地方
7	意大利生态网络	项目在省域层次上建立的生态网络,部分区域是 EU-Life 项目的组成部分	区域
8	立陶宛自然骨架	建立土地管理系统,以保护和建立有利于保护和恢复自然的生态环境	国家、区域、地方
9	荷兰国家生态网络	建立区域层次上的以物种保护为目的的一体化区域结构,全国性规划由 12 个省共同完成	跨国、国家、区域
10	波兰国家生态网	主要沿河流建立起核心区域间的景观联系的网络。该项目由国际自然保护联盟(IUCN)发起并经过国家政府的讨论	跨国、国家、区域、地方
11	葡萄牙里斯本和波尔图大都市区绿道系统	从生物多样性保护与文化和游憩价值方面,比较分析保护区域和拟保护区域的差异,由大学和非政府组织发起并且得到城市政府的配合	地方
12	俄罗斯自然保护区系统	由不同的保护区系统(国家自然保护区、国家公园、保护区等)组成几个独立的子系统,它们隶属于不同的政府部门和不同的区域类型	国家、区域、地方
13	俄罗斯-卡累利阿绿带(伏尔加河-乌拉尔河廊道)	运用 PNA 体系在政府部门影响之外,由卡累利阿地区的斯堪的纳维亚公司和国际性非政府组织完成的地区区划的政策性规划。其目标是将由森林和森林地区组成的主要功能区域相互联系起来	国家、区域、地方
14	乌克兰生态网络	由环境部完成的以自然保护法律为基础的网络,是附带具有法律效力的战略性规划,涉及已有的保护地区、缓冲地带和生态廊道	国家、区域
15	斯洛伐克生态稳定性区域系统	基于功能空间标准建立的具有重要生态学意义的景观单元网络,目的是保护生物多样性、保护自然和支持多功能的土地利用	跨国、国家、区域、地方
16	西班牙加泰罗尼亚自然保护区网络	加泰罗尼亚地区生物多样性发展战略的一个成果,其中一些项目试图通过乡村地区将不同的自然保护区连接成一个生态网络	区域
17	英国柴郡生态网络	以实施为目的的区域性项目,由核心地区、廊道和缓冲带组成网络,和意大利合作者一起作为一个 EU-Life 项目实施	区域、地方
18	英国伦敦东南绿链	始建于 1977 年,由伦敦东南部 4 个行政区和大伦敦委员会合作建设。现今,在伦敦的周边已经建设了将近 300 个绿色项链状的开放空间,面积相当于伦敦市区的 7 倍	地方
19	德国鲁尔工业区绿道改造项目	将绿道建设与工业区改造相结合,整合了区域内 17 个县市的绿道,通过 7 个绿道计划,将百年来原本脏乱不堪、破败低效的工业区,变成了一个生态安全、景色优美的宜居城区	区域、地方
20	法国卢瓦尔河自行车绿道	全长近 800 千米,横跨法国卢瓦尔大区和中央大区、6 个行政省、8 个大中城市以及 1 个地区级自然公园,沿途设有 14 个自行车租赁和维修服务点、15 个餐饮住宿点	区域、地方

续表

序　号	绿道项目	项目简介	实施层次
21	加拿大横加步道 （现称 The Great Trail）	全球最长的超级绿道,总长 24 000 千米,沿途经过山脉、湖岸、城市、农村、荒野,与加拿大无数条地方绿道实现无缝连接,支持远足、骑行、划船、越野、滑雪和雪地摩托多项运动	国家、区域、地方
22	美国东海岸绿道	全长 4 500 千米,途经 15 个州、23 个大城市和 122 个城镇,连接了重要的州府、大学校园、国家公园、历史文化遗迹,是美国首条集休闲娱乐、户外活动和文化遗产旅游于一体的绿道	国家、区域、地方
23	美国波士顿公园绿道系统 （翡翠项链）	世界上第一条现代绿道。公园位于波士顿市中心,由相互连接的 9 个部分组成,绵延约 16 千米。林荫道宽 60 米,中间有 30 米宽的街心绿带,两侧的住宅都面向大道,使街心绿带构成社区的活动中心。集休闲娱乐、户外活动、文化遗产旅游于一体,带来巨大的社会经济和生态效益	地方
24	美国纽约城市绿道系统	与东海岸绿道相连,其中城市公园系统让中央公园等 7 个城市公园共同形成了纽约公园系统。公园大道网络将绿道游径与城市地铁相连,提高城市绿道的可达性。建有覆盖纽约全市的自行车专用道系统,在部分山地特色公园内建有开放的标准化山地自行车道	地方
25	日本福冈中心城区慢行休闲绿道	依托当地政府规划建设的地方绿道。以水为脉构建慢行绿道系统,串联中心城区公园广场,结合旧城改造对绿道进行道路改造和绿化改善,自行车定点免费停放,方便市民出行,高效集约利用土地,凸显城市自然人文特点。法律体系完善,技术规范细致	地方
26	新加坡	串联新加坡全国的绿地和水体的绿道网络,连接山体、森林、主要的公园、体育休闲场所、隔离绿带、滨海地区等。通畅的、无缝连接的绿道为生活在高密度建成区的人们提供了足够的户外休闲娱乐和交往空间,使新加坡成为一个充满情趣的花园城市	国家（即地方）

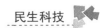

附件2　国内地方绿道规划建设实践情况列表

序　号	地　区	规划名称（规划时间或出台时间）	规划建设特点	绿道建设规模
1	北京市	《北京市市级绿道建设总体方案（2013—2017年）》《北京市级绿道系统建设规划》(2014)、《北京市区县绿道体系规划编制指导书》(2014)、《北京绿道规划设计技术导则》(2014)、《北京绿道体系交通衔接系统规划建设要求》(2014)、《北京市绿道管理办法》(2015)	通过绿道建设串联200处公园、风景名胜区、历史文化遗迹，可提供百万人休闲健身空间	北京健康绿道建设自2013年启动，规划市级绿道约1 200千米。截至目前，全市累计建成健康绿道710千米，其中市级健康绿道约500千米
2	广东省	《广东省绿道网建设总体规划（2011—2015年）》《广东省城市绿道规划设计指引》(2011)、《广东省绿道控制区划定与管制工作指引》(2011)、《珠江三角洲绿道网总体规划纲要》(2009)、《珠三角区域绿道（省立）规划设计技术指引》(2012)	依托自然生态资源和历史人文资源，建设绿道网络系统，串联生态保护区、郊野公园、历史遗存和城市开放空间，满足城乡居民亲近自然、休闲游憩的生活需求	建成8 770千米省立绿道，实现46处城际交界面互联互通，统筹绿道网络与城市交通体系布局，实现绿道与城市公共交通系统的无缝衔接
3	安徽省	《安徽省绿道总体规划纲要（2012—2020年）》《安徽省城市绿道设计技术导则》(2012—2020)、《关于实施绿道建设的意见》(2012)、《安徽省城市绿道规划编制指南》(2012)、《安徽省绿道建设省级专项资金管理暂行办法》(2013)	建成以城市绿道为基础、省域绿道支干线为框架、省域绿道主干线为骨架的全省绿道网络，运营良好，管理规范	到2020年，建成以东西方向沿长江绿道、沿淮河绿道、沿江淮分水岭绿道、南北贯通绿道和环巢湖绿道为主干线的省域绿道约2 000千米，建成皖南、皖西、沿江、皖中和皖北五大区域省域绿道支干线（市域绿道）2 000千米以上
4	福建省	《福建省绿道网总体规划纲要（2012—2020）》《福建省绿道规划建设导则》(2012)、《福建省绿道规划建设标准》(2014)	打造"绿道休闲慢游"，构成连续、安全、舒适、完整的慢行交通网络	2020年全省将建成省级绿道3 119千米，包括6条省级绿道主线共2 717千米，2条绿道支线共189千米，2条绿道连接线共213千米
5	上海市	《上海市绿道专项规划》(2015—2040)、《上海外环林带绿道建设实施规划》(2015)、《上海市绿道建设导则》(2016)	市级绿道为"三环一带、三纵三横"的布局结构。区级绿道提倡"一区一环"，并要求各区都编制绿道建设专项规划	"十三五"期间，全市的绿道长度将达到1 000千米。到2020年，全市要建长1 000千米绿道，到2040年，要建成2 000千米绿道
6	浙江省	《浙江省省级绿道网布局规划（2012—2020年）》《浙江省绿道规划设计技术导则》(2012)	是实现生态立省方略、加快建设生态浙江的一项生态工程，持续提升人民生活品质的一项民生工程	浙江绿道基本形成网络。2020年规划建成"万里绿道网"。已建成建德绿道、临安青山湖绿道、滨江绿道等浙江省十大经典绿道
7	河北省	《关于推进城镇绿道绿廊建设的指导意见》(2011)、《河北省城镇绿道绿廊规划设计指引（试行）》(2011)、《河北省城镇绿道绿廊建设导则（试行）》(2012)、《河北省绿道绿廊总体规划纲要》（规划编制，2011)	统筹推进河北城镇绿道绿廊建设管理	—
8	广西壮族自治区	《广西壮族自治区绿道体系规划》(2016)	依托当地丰富的自然生态资源和民族特色文化资源，以"八桂绿网·乐享生活"为规划远景，计划建立互联互通的绿道网络系统，将其打造为广西生态文明建设标志性工程	在14个设区市大力推进绿道体系建设，计划打造总长4 090千米绿道干线和8条特色绿道游径。至2030年年底，一张覆盖广西的"八桂绿网"将基本建成

续表

序 号	地 区	规划名称（规划时间或出台时间）	规划建设特点	绿道建设规模
9	湖南省	《湖南省城市双修三年行动计划(2018—2020 年)》《湖南省城市绿道规划设计技术指南(试行)》(2018)、《湖南湘江新区核心区慢行交通系统暨绿道规划》《湖南湘江新区绿道近期建设规划》《湖南湘江新区造绿大行动城乡绿道建设工作实施方案(2017—2019 年)》	加快城乡休闲游憩型绿道网络建设。鼓励沿公路和河湖水系打造生态绿廊	2020 年,全省建成城际绿道、城市绿道、社区绿道等各类绿道 3 000 千米,建成长株潭城市群城际绿道网 1 号线工程
10	天津市	《天津环城铁路绿道公园规划》(2013)	利用城市废弃工业铁路以及铁路周边的工业遗存,结合沿线河道、公园、绿地、城市零散用地和闲置地,打造出一条以铁路为特色,串接天津市 7 个行政辖区的内城铁路绿道公园	规划总长度45 千米,平均宽度100 米,形成集生态涵养、工业文化教育展示、公共服务、绿色交通等功能于一体的城市级绿色开放空间
11	其他省区	《陕西省绿道规划设计标准》(2017)、《陕西省绿道规划建设标准》(征求意见稿)(2016) 《四川省城乡绿道规划设计标准》(2018) 《澳门城市绿地系统规划纲要》 《云南省城市公园体系规划标准》(2017) 《贵州省山地特色新型城镇化规划(2016—2020 年)》 《山西省人民政府关于加强城市基础设施建设的实施意见》(2014) 《内蒙古自治区生态环境保护"十三五"规划》(2017) 《黑龙江省生态修复城市修补工作实施方案(2017—2020 年)》 《吉林省人民政府关于加强城市基础设施建设的实施意见》(2014) 《辽宁省加强城市规划建设管理工作的实施意见》(2016)		

附件3 山东7条绝美步行绿道

序 号	绿道名称	绿道简介
1	威海环海路	环海路,威海人称之为威海"最美诗意之地"。这段路西起小石岛,东至东山宾馆。一路走过,山和水壮阔、秀美、丰润、斑斓和张扬,大自然在不经意间展现的种种妆容,会美得让你不由自主地屏住呼吸。这段路的安静是在如今的城市中不可多得的
2	青岛滨海大道	相比威海环海步道的开阔视野,青岛滨海步道则是另一番风情。这条滨海步行道位于青岛市市南区,全长约36.9千米。西起团岛环路,东至石老人,因为颇有名气,已经成为一个著名的开放式景点。沿着步行道前行,可以连接起栈桥公园、海军博物馆、小青岛公园、鲁迅公园、第一海水浴场、八大关风景区、五四广场、石老人海水浴场等主要旅游景点。走步道要选在人不多的时候,会有意料之外的美。沿着步道一路走,阳光晒着,海风吹着,真是惬意
3	临沂滨河步道	大美临沂有一条环绕沂河的滨河路,想必去过临沂的人都知道。这条路现在号称临沂市的百里健身长廊。沿着滨河路一路走来,沿岸的种种健身设施让人目不暇接。城区段健身长廊分为5个功能区,布局合理,功能完备,共有50多处健身区域,配备健身器材1 000多件。现在这里已经成为国家体育总局挂牌的"国家级户外健身基地"
4	烟台滨海路	从烟台山出发,沿着大海的一条美丽的长路就是滨海路。以前这条路又小又杂,并不非常惹人喜爱。这几年,烟台市重新规划整治,现在这里已经形成以观海为主线的综合风景旅游区。风格突出的人性化建筑让人们无论何时都能够与大海近距离接触
5	济南西营大道	济南南部山区的西营镇西营步道当属济南的首条绿道了。这条绿道分为3个级别:一级绿道以团队大巴车旅游、私家车自驾游为主,主要是327省道、港西路和罗伽路;二级绿道以私家车自驾游、自行车骑行游、徒步游为主,有通往云梯山的旅游路、彩西路等;三级绿道以自行车骑行游、徒步游为主。三级绿道仅西营镇内就有10条,其中又以西营镇绿道8号线——藕池绿道为主要示范路。藕池绿道贯穿西营镇6个自然村、各历史文化遗迹、自然景观和农业园区。沿途还设有驿站,可以提供自行车出租、休闲娱乐等服务
6	枣庄山亭绿道	山亭绿道包括汉诺庄园绿道、枣园绿道、水泉绿道3条绿道。汉诺庄园位于山亭区翼云山南麓银山脚下,集葡萄种植、葡萄酒酿造、温泉洗浴、观光旅游、生态休闲、餐饮接待于一体,拥有跑马场、网球场、山地自行车场、体育公园、奥特汉诺酒堡、汉诺庄园欧情园、原木生态大门、葡萄观光长廊、欧式音乐喷泉、地下酒窖等配套景观设施。汉诺庄园绿道就是依据汉诺庄园独特的环境改造而成的。绿道沿线将全民运动休闲中心、水池、松林高点等旅游资源进行整合,实现山、水、葡萄的有机结合。游客在此可以领取绿道自行车,在绿道自由骑行游乐
7	邹城峄山环山绿道	邹城的峄山环山滨水绿道工程被游客形象地称为峄山"红丝带""红领巾"。绿道沿途风景优美,既有湖体景观,还有种植林,健身娱乐休闲功能完备。沿途还启动了7处驿站,配备了4处管理房和管理队伍

5G 背景下青岛推进新型智慧城市建设的对策与建议

随着互联网、物联网、人工智能、云计算、大数据等技术的快速发展和深度应用,智慧城市已经从理论构想进化到实践。2019 年 6 月,工信部向中国电信、中国移动、中国联通以及中国广电发布了 5G 商用牌照,这标志着中国 5G 时代正式开启。5G 技术时代的到来,不仅加快了网络速度,也将终端全部纳入网络,实现"万物皆可联",这为未来城市生活提供了更多可能性。

自 5G 牌照落地,北京、成都、深圳等地相继发布 5G 行动计划或规划方案,新型智慧城市建设成为普遍展开的项目之一,各级地方政府也将打造新型智慧城市标杆应用作为重要工作内容纳入工作目标。同时,智能化产业也将迎来链价值再造,现有的产业生态和经济格局将发生改变,能否把握机遇对于企业未来发展至关重要。

为此,青岛市科技情报学会、青岛市科学技术信息研究院(青岛市科学技术发展战略研究院)在对青岛市智慧城市建设情况进行分析的基础上,剖析了青岛市智慧城市建设中存在的问题,提出对策建议,供各级领导和有关部门参阅。

一、青岛智慧城市建设成效显著

2005 年,智慧城市的概念在我国首次出现。2013 年 10 月,青岛市正式被科技部、标准化管理委员会确定为国家智慧城市技术和标准试点城市。近年来,青岛市开展了多项智慧城市建设相关工作,从基础建设、产业经济、城市管理、社会民生、资源环境等方面进行了综合实践。目前,青岛共有近 500 个智慧青岛年度工作重点项目,总投资 381 亿元。其中,财政直接投资 29.4 亿元,占总投资的 7.7%;业务资金和社会资本 351.6 亿元,占总投资的 92.3%。财政直接投资包括市财政、区市财政两级投资,业务和社会资本包括相关行业领域的业务经费和企业投入的资金等,

(一)智慧青岛建设特色模式凸显

近年来,作为国家沿海重要中心城市、国家智慧城市技术和标准试点城市,青岛市统筹推进智慧城市建设取得初步成效。在青岛市智慧城市建设领导小组的统筹下,各部门协同推进总投资 381 亿元的 494 个智慧青岛年度工作重点项目,政府引导市场主体模式成为智慧青岛建设的特色模式。截至 2018 年年底,已有超过 70% 的项目建成并投入运营,推动了城市品质和管理服务水平的提升。海尔 COSMO Plat 平台、酷特云蓝等一批工业互联网平台率先运行,智能交通、智慧人社等一批项目获得国际奖项。在国家

发改委中国城市治理智慧化水平评估中,青岛市获得"2018中国城市智慧化综合奖"。在2018亚太智慧城市发展论坛上,青岛市获评"2018中国领军智慧城市",城阳区被评为"2018中国标杆智慧城区",青岛高新区荣获"2018中国智慧城市创新奖",青岛再次入选"中国智慧城市综合实力20强"。2019年,青岛港在全国率先实现无人码头的基础上,又引入世界先进的5G技术应用于码头建设,打造全球首个5G智慧码头管理模式,引领了港口建设的世界潮流。

(二)智慧应用服务不断深化

目前,青岛市智慧城市建设在"数字城市""两化融合""无线城市"等方面已走在全国前列,在物联网、智慧生活、智能交通以及节能减排等方面积累了丰富的技术经验,拥有公共安全应急指挥、数字化园区规划、智能交通建设、电子政务等智能系统,"智慧"几乎渗透进青岛经济社会的每一个领域,发挥了"1+1>2"的效应。

(三)智慧产业发展稳步推进

近年来,包括电子、软件通信、信息服务、云计算、物联网、移动互联网、大数据等在内的智慧产业在青岛市不断积蓄力量,给智慧青岛的发展提供了良好的产业支持。青岛市先后与百度、中兴达成战略合作,携手发展大数据、云计算等产业,推进智慧青岛发展走向纵深。同时,新兴产业不断落户和发展。在5G发展步伐明显加速的大背景下,青岛光子智慧科技有限公司研发、生产的国内首个"5G智慧塔"正式在青岛轨道交通产业示范区落地,标志着青岛市在5G应用场景建设方面已经走在了全国前列。为承接国家发展战略,推动5G商业应用示范试点建设,抢占5G产业发展高地,2019年5月,山东省首家5G产业园——青岛市城阳区5G产业园正式揭牌启动。

二、青岛智慧城市建设存在的问题

在智慧城市建设方面,青岛市起步早、基础好,已经积累了丰富的实践经验,成果丰富,成绩斐然,但在发展过程中也不可避免地面对诸多问题。

(一)顶层设计不足,各智慧项目缺乏有效整合

据不完全统计,青岛市目前已有近500个已建或在建的智慧项目,基本涵盖智慧城市的各个领域。由于有关政府部门对智慧城市建设的内涵有不同的认识,在顶层设计时各部门仅从自身角度去理解、建设智慧城市,所以各智慧项目之间缺乏有效整合、衔接,未能有效形成城市建设的闭环,造成重复建设、资源浪费的现象。同时,顶层设计的不足也一定程度影响了城市信息资源的共享,政务信息的跨部门共享协作仍然存在困难,大数据对于科学决策的辅助支持不够。因此,随着5G时代的到来和新一代互联网的部署,如何科学统筹推进智慧城市建设,以智慧化的先进技术解决好传统城市存在的问题,是青岛市政府面临的一个主要问题。

(二)企业创新能力不足,快速发展壮大难度较大

目前,除海尔、海信、澳柯玛等少数几家大企业外,主要是青岛智慧城市产业发展有限公司、青岛慧据智慧城市产业发展有限公司等中小企业参与青岛市智慧城市建设。中小企业在资本、人才等方面的匮乏,使企业在技术研发资金上投入相对不足,企业的自主创新能力较弱,企业中的较大一部分在技术和经验积累方面有所不足,多是按照既定模板来进行开发建设,在市场上不占有话语权。同时,5G网络是一个包含无线接入网、核心网和相关支撑系统的完整的技术体系,涉及的知识领域众多,行业进入壁垒较高,对企业实力的要求高,致使企业快速发展壮大难度较大。

（三）高层次高技能人才相对匮乏

新型智慧城市建设结合了数字城市、大数据、云计算、物联网等技术。这些新一代信息技术在国内发展时间较短，因而青岛市具有自主创新能力、处于世界前沿水平的智慧产业领军人才依然极度缺乏。另外，新型智慧城市建设需要的是既懂科学技术，专注于智慧产品开发，又能够理解现行商业模式，能够为开发出的智慧产品提供动力与激励的复合型人才。虽然青岛市拥有许多科研机构，高校、科研机构等科研资源较为丰富，但目前高校开设的课程所培养的毕业生还无法完全适应智慧城市建设要求，掌握新技术、新知识的专业技术人才和复合型人才尤其短缺。

三、对策建议

（一）加强统筹，科学规划顶层设计

5G 作为建设新型智慧城市的技术利器，涉及方方面面。因此，首先要理顺智慧城市管理体制机制，由智慧城市领导小组协调解决智慧城市建设过程中遇到的重大事项，明确各有关部门的权责，细化建设任务，优化保障措施，建立考核体系，促进规划、建设、管理 3 个阶段的业务融合，形成全市层面跨部门统筹协调和沟通配合的工作机制。其次，加强顶层设计，进一步明确青岛市建设新型智慧城市的愿景目标和实施路径，加快 5G 网络建设，推进城市信息化进程，实现 5G 对全市产业和社会发展的全域赋能、全向融合效应，以此提升城市综合竞争力，真正做到城市"一张蓝图绘到底，一张蓝图建到底，和一张蓝图管到底"，从而提升市民的便捷感、安全感、获得感、参与感和幸福感。

（二）加强骨干优势企业培育

进一步优化数字信息产业创新创业的发展环境，不断提高人才、市场等方面的吸引力，优化发展环境，鼓励企业发挥市场主体作用，积极参与 5G 技术研发和产业化应用，加快 5G 商用化进程，并带动自主芯片产业、终端产业、基础软件产业等的发展，打造以"人工智能＋"为特色的新产业集群，深化大数据、云计算、人工智能等技术与城市经济领域的融合，不断催生 5G 发展的内生动力和发展潜力。加快构建智慧产业链，推动物联网产业链纵向延伸和横向扩展。加强大数据基础设施和专业性大数据服务平台引进与开发，开展大数据应用示范工程，促进青岛市数据产业发展新模式不断出现，催生出大数据、智慧城市等领域一批新技术、新应用和新业态，推动"四新"经济发展，培育一批在商业模式、技术水平上有特色、技术过硬的人才企业，使之成为区域性龙头企业，形成海尔、海信、澳柯玛等大企业引领，中小企业竞相发展的多层次的创新主体和合理的产业布局。

（三）加强信息化人才队伍建设

随着 5G 不断发展应用，新型智慧城市建设需要有充足的技术和人才保障，因此，要不断加强人才培育，通过项目支持、创新奖励、住房福利等多方面的人才政策，做好优秀人才引进、研发力量整合。建立人才培养的规划和体系。根据新型智慧城市建设的需要，设计科学合理的人才培养规划和体系，注重对优秀年轻科技人才的培养，形成老中青年龄梯次的合理结构。推行产学研结合的培养模式，引导本地高等院校与省内外知名高校做好对接，调整专业设置，开设大数据、云计算、物联网等信息化相关专业，并加强职业培训和创业辅导，有计划地进行实用型人才和复合型人才的培养。同时，积极促进科研人才在高校、科研单位与企业间的双向有序流动。加大专业人才引进力度，优化人才引进的环境。完善人才对口帮扶和人才资源共享机制，积极推进青岛市与省内、国内数字信息产业发达地区的人才交流，完善人才引进相关政策。并且，充分利用各种渠道、各类媒介宣传我市人才政策，提高政策影响力。

参考文献

[1] 南洪民.5G网络对推进"智慧城市"发展的应用研究[J].科技创新导报,2019,16(28):152-152.

[2] 张玉盟.5G背景下智慧城市发展探微[J].信息记录材料,2019,20(9):45-46.

[3] 吕恒.5G技术助力智慧城市快速发展[J].通信企业管理,2019(8):34-37.

[4] 朱常波,程新洲,叶海纳.5G+大数据赋能智慧城市[J].邮电设计技术,2019(9):1-4.

[5] 崔文秒.5G时代户外在智慧城市建设中的新机遇[J].城市轨道交通,2020(4):52-55.

[6] 严逸超.5G时代背景下物联网技术在智慧城市建设中的应用研究[J].通讯世界,2020,27(1):118-119.

[7] 许浩.5G助力智慧城市发展[J].张江科技评论,2020(1):34-37.

编　写:刘　瑾
审　稿:谭思明　李汉清

微电网系统发展情况及
对青岛市的建议

一、全球微电网产业快速发展

（一）微电网市场规模增长迅速

"十二五"期间，全球微网市场规模和发电量的复合增长率分别升至15.14%和15.31%，达到83.79亿美元和3.2 GW。到2020年，市场规模和发电量将达到149.2亿美元和5.67 GW，进入较快增长阶段。美国Markets and Markets公司发表的数据预测，2016—2022年，全球微网市场将以10.96%的年率增长；至2022年，全球微电网市场规模将达到184.14亿美元，具有良好的发展前景。

（二）微电网应用领域比较广泛

前瞻产业研究院《2018—2023年中国微电网技术进展与前景预测分析报告》数据显示，全球微电网的应用主要分布在校园和公共机构、社区、工商业区、军队及孤岛等领域。其中，以校园和公共机构的工程应用为主，占比49%；其次是社区和工商业区，占比分别为22%和20%；军队和孤岛占比总计9%。

二、我国正处于发展初期

（一）国家高度重视

2006年，我国把微电网技术研究相继列入国家863计划、973计划等国家高科技项目，大力资助微电网关键技术的研究。国内众多高校、科研院所开展相关研究，包括建立各类分布式电源及其并网运行数学模型，搭建包含分布式发电及其他供能系统的微电网仿真环境，研究微电网与大电网相互作用机理；等等。

（二）推广应用成效显著

近年来，国家能源局、发改委等也提出了加快推进新能源微电网示范工程建设相关政策及意见。例如，2015年，国家能源局发布的《关于推进新能源微电网示范项目建设的指导意见》，支持建设了一批以风、光为主要新能源发电形式的微电网示范工程（表1）。

表1 我国部分微电网示范工程

名称	系统组成	主要特点
广东珠海市担杆岛微电网	5 kW 光伏发电,90 kW 风力发电,100 kW 柴油发电,10 kW 波浪发电,442 kW·h 储能系统	拥有我国首座可再生独立能源电站;能利用波浪能;具备 60 t/d 的海水淡化能力
浙江南麂岛微电网	545 kW 光伏发电,1 MW 风力发电,1 MW 柴油发电,海洋能发电 30 kW,1 MW·h 铅酸蓄电池储能系统	能够利用海洋能;引入了电动汽车充换电站、智能电能表、用户交互等先进技术
海南三沙市永兴岛微电网	500 kW 光伏发电,1 MW·h 磷酸铁锂电池储能	我国最南的微电网
天津生态城公屋展示中心微电网	300 kW 光伏发电,648 kW·h 锂离子电池储能系统,2×50 kW×60 s 超级电容储能系统	“零能耗”建筑,全年发用电量总体平衡
江苏南京供电公司微电网	50 kW 光伏发电,15 kW 风力发电,50 kW·h 铅酸蓄电池储能系统	储能系统可以平滑风光出力波动;可实现并网/离网模式的无缝切换
浙江南都电源动力公司微电网	55 kW 光伏发电,1.92 MW·h 铅酸电池/锂电池储能系统,100 kW×60 s 超级电容储能	电池储能主要用于“削峰填谷”;采用集装箱式,功能模块化,可实现即插即用
国网河北省电科院光储热一体化微电网	190 kW 光伏发电,250 MW·h 磷酸铁锂电池储能系统,100 kW·h 超级电容储能,电动汽车充电桩,地源热泵	接入地源热泵,解决了启动冲击性问题;交直流混合微电网
江苏大丰市风电淡化海水微电网	2.5 MW 风力发电,1.2 MW 柴油发电,1.8 MW·h 铅酸蓄电池储能系统,1.8 MW 海水淡化负荷	研发并应用了世界首台大规模风电直接提供负载的孤岛运行控制系统
北京亦庄金风可再生能源多能互补智能微电网示范项目	以可再生能源为基础,每年发电 $3×10^6$ kW·h,实现移峰填谷电量 $3×10^5$ kW·h,每年可节约电费180多万元	孤岛微燃机和储能联合控制系统、智能微网暂态稳控保护装置、智能微网动态稳控保护装置、负荷侧管理系统、智慧能效监控系统
国网山东省电科院新能源分布式发电及微电网实验(示范)工程	光伏工程完成 400 V 并网调试,总计自发电 10 万余度,水平轴永磁直驱风力发电机装机容量为 200 kW	山东省首个微网示范工程;弱光响应好,实现并网发电

（三）市场规模较大

据中关村储能产业技术联盟(CNESA)统计数据,从 2016 年到 2017 年 6 月底,我国新增在建和投运的电化学储能装机规模达到 1.35 GW。根据中研普华公司《2018—2023 年版微电网项目可行性研究咨询报告》中的数据,预计我国“十三五”期间微电网增量市场为 200 亿～300 亿元。

三、青岛微电网产业发展在国内处于较高水平

（一）积极参与国家微电网应用示范项目

在 2017 年国家发改委、国家能源局发布的《关于印发新能源微电网示范项目名单的通知》公布的 28 个新能源微电网示范项目中,青岛占据 2 席,分别是青岛董家口港新能源微电网示范工程项目、中德生态园启动区泛能微电网。

（二）多家企业在行业内处于领先地位

青岛特锐德电气股份有限公司开发以户外箱式电力装备形式为主的即插即用新能源微电网系统、汽车充电网与新能源微电网双向融合系统,将变、配、用、光、储、充、放各子系统进行高度整合,实现用户侧的经济用电和就地消纳分布式清洁能源发电。

青岛昌盛日电太阳能科技股份有限公司主持建设青岛董家口港新能源微电网示范工程项目,推进风电、光热、天然气发电等多种能源供应体系建设,逐步开展配售电、储能等能源服务。

青岛新奥智能能源有限公司主持建设中德生态园启动区泛能微电网项目,提出泛能网理念和系统能效技术,提供天然气、热、冷及部分电力等清洁能源整体解决方案。

四、技术人才资金等方面的不足制约产业快速发展

（一）企业盈利能力不足

一是投资回收周期长。目前微电网正处于大规模建设和普及的前期，造价成本高。以光伏发电为例，储能系统价格较高，锂电池需要充放电5000~6000次才能收回投入成本，因此企业资金压力较大。二是商业模式尚未成熟。部分企业对政府的补贴有比较大的依赖，自身缺乏对市场的理解和适应，开拓市场的能力和主动性不强，成熟的商业模式仍在探索之中。

（二）技术发展还不能满足要求

核心技术存在短板。例如，直流微电网多源高可靠协调稳定控制技术、微电网源荷储发电特性契合度数据仿真控制方阵系统、微电网系统电源管理以及多模式切换系统控制技术、微电网分层控制技术等微电网核心技术，有的需要从其他机构引进，有的本身尚未成熟，需要进一步研究。

（三）人才的需求缺口较大

微电网所需的技术种类多，需要大量不同门类的研究类、工程类、管理类、市场类等人才，但目前青岛此类高端人才数量还不能满足产业发展的需求。

（四）企业现代管理水平不高

一是企业与各级政府部门的沟通协调能力不足。企业对地方政府出台的政策了解不够，不能很好地利用各级政府部门出台的文件解决发展中遇到的金融、人才、标准等问题；在遇到实际问题时，不能有效地通过有关部门和渠道及时反映，主动意识不强。二是企业自身管理还存在不足。有的企业虽然在形式上进行了科学的现代化管理，但激励机制、企业文化等方面都与现代优秀企业存在差距，企业竞争意识不够，企业中高层人员对标国内外优秀企业家的意识和能力还不强。

五、青岛应加大支持力度，打造产业生态体系和提高企业自身管理能力

（一）鼓励建设使用新能源微电网系统，推出市级示范项目

鼓励政府机关、医院、金融机构、军队等重点地区和场所使用新能源微电网系统。鼓励建设以风、光发电、海洋能系统为基础的微电网，提高能源综合利用效率，促进独立供电技术与经营模式创新。推出市级新能源微电网系统示范项目，可以对入选的项目进行政策性资金支持。加强与重点企业沟通，及时了解企业发展中存在的困难，以同舟共济的精神帮助企业发展，争取把微电网产业打造成又一个青岛特色产业。

（二）打造新能源微电网系统发展的生态体系

成立新能源微电网产业创新战略联盟，促进行业内共性关键技术的研发和新成果转化；加大"双招双引"的力度，积极引进国内外知名企业，一方面起到带动效应，一方面起到"鲇鱼效应"，以提升青岛市微电网行业的整体水平；以中国能源大学（筹）的建设为契机，加快微电网行业相关人才资源的引进、培育，加快相关重点实验室、工程研发中心等研发机构的引进和整合，加快核心技术研发；建设微电网产业园区，支持创新型小微企业发展，形成更加完整的产业配套体系；使微电网产业与新能源产业、储能电池产业等高新技术产业融合发展，最终打造新能源微电网系统的产业链、生态链。

（三）企业提高自身管理、盈利能力

有关企业要积极与国家标准化管理委员会、行业协会等部门沟通，主导或参与能源微电网系统标准的制订；积极与政府沟通，用尽用好国家、山东省、青岛市的科技创新、人才引进培养、基础资源建设、科技

金融等政策,积极向政府有关部门反映具体问题,促进问题快速正确解决。企业对自身的管理制度、分配制度、组织架构、人才培养等方面做进一步探索,提高企业家的战略眼光和员工的积极性,提高应对市场变化、开拓市场的能力,创新盈利模式,促进企业更好更快发展。

参考文献

[1] 张丹,王杰. 国内微电网项目建设及发展趋势研究[J]. 电网技术,2016,40(2):451-458.

[2] 祝振鹏. 新能源微电网发展概要[J]. 供用电,2017,34(2):23-27.

[3] 沈沉,吴翔宇,王志文,等. 微电网实践与发展思考[J]. 电力系统保护与控制,2014(5):1-11.

[4] 宋祖锋. 青岛首个国家级新能源微电网示范项目获批[EB/OL]. (2017-05-14)[2019-10-10]. http://sd.dzwww.com/sdnews/201705/t20170514_15914486.htm.

[5] 中研网资讯. 用数据预测微电网未来市场规模,供需以及资产总量[EB/OL]. (2018-10-25)[2019-10-10]. http://www.chinairn.com/hyzx/20181025/162514616.shtml.

[6] 陈子萍. 全球微电网行业前景预测 2022年有望达180亿美元[EB/OL]. (2018-04-16)[2019-10-10]. https://www.qianzhan.com/analyst/detail/220/180416-de58c9df.html.

编　写:何　欢

审　稿:谭思明　王春莉

基于 Orbit 的动物疫病检测专利分析

一、专利检索要素

动物疫病检测是指为调查动物群体中某种疫病或病原的存在情况而开展的样品检测活动,包括病理解剖(pathological anatomy)、病理组织显微检查(pathological examination)、病原学检测(diagnostics of pathogens)、抗体检测(diagnostic of antibodies)等。利用上述中、英文关键词,以及 IPC 专属分类号(A61K39、C07K14、C12N15),对专利检索式进行组配,通过检索法国 Orbit 专利数据库,得到动物疫病检测国际发明专利(包含专利族)247 件。

二、全球趋势分析

动物疫病检测国际发明专利年均公开 10 件左右,其中,公开件数较多的年份依次为 2014 年(23 件)、2004 年(19 件)、2015 年(17 件)。整体上,自 2013 年之后,该领域专利公开量呈小幅上涨趋势。国际发明专利优先权国别分布显示,第一梯队主要布局在中国(CN,93 件)、世界知识产权组织(WO,87 件)、美国(US,70 件),其他分布主要涉及欧洲专利局(EP,28 件)、英国(GB,20 件)、德国(DE,14 件)、韩国(KR,4 件)、俄罗斯(RU,12 件)、加拿大(CA,10 件)、澳大利亚(AU,8 件)、日本(JP,7 件)。

三、技术领域分析

(一)IPC 技术构成

表 1 给出了动物疫病检测国际发明专利 IPC 小类与技术的对应情况,主要涉及测试及分析材料、测定及检验方法、微生物及酶、医用配制品、肽、化合物制剂、畜牧饲养及养殖、诊断与鉴定、糖类及核酸等领域。

表 1　动物疫病检测国际发明专利 IPC 小类

IPC 小类	专利技术	数　量	占　比
G01N	借助于测定材料的化学或物理性质来测试或分析材料	136	18.38%
C12Q	包含酶或微生物的测定或检验方法、其所用组合物或试纸、这种组合物的制备方法、在微生物学方法或酶学方法中的条件反应控制	111	15.00%
C12N	微生物或酶,其组合物,繁殖、保藏或维持微生物,变异或遗传工程,培养基	90	12.16%
A61K	医用、牙科用或梳妆用的配制品	73	9.86%

续表

IPC 小类	专利技术	数量	占比
C07K	肽	68	9.19%
A61P	化合物或药物制剂的特定治疗活性	52	7.03%
C12P	发酵或使用酶的方法合成目标化合物或组合物或从外消旋混合物中分离旋光异构体	33	4.46%
C12R	与涉及微生物的C12C至C12Q小类相关的引得表	33	4.46%
A01K	畜牧业,禽类、鱼类、昆虫的管理,捕鱼,饲养或养殖其他类不包含的动物,动物新品种	28	3.78%
A61B	诊断、外科、鉴定	26	3.51%
C07H	糖类及其衍生物、核苷、核苷酸、核酸	20	2.70%

细分分类号构成(即IPC小组)中,G01N-033有122件,占12.77%;C12Q-001有111件,占11.62%;C12N-015有79件,占8.27%;A61K-039有49件,占5.13%;C07K-016有47件,占4.92%;C07K-014有45件,占4.71%;A61K-038有40件,占4.19%;C12N-005有37件,占3.87%;C12R-001有33件,占3.46%;C12P-021有29件,占3.04%;A61K-031有26件,占2.72%;C12N-001有26件,占2.72%;A61P-031有25件,占2.62%;A01K-067有24件,占2.51%;A61K-048有24件,占2.51%;A61P-035有22件,占2.30%。

(二)IPC 技术趋势

图1以温度图的形式,反映了动物疫病检测国际发明专利IPC技术热点及公开趋势。动物疫病检测技术发展呈两端式,即在2003—2004年(主要涉及G01N-033/53、G01N-033/68等IPC分类)和2014—2016年(主要涉及C12Q-001/68、C12Q-001/70、C12R-001/93、C12N-015/11等IPC分类)这两个时间节点上更为活跃,而这两端之间的10年,公开量很少。

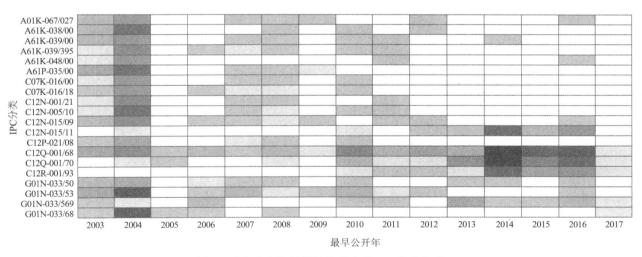

图1 动物疫病检测国际发明专利IPC技术热点

(三)技术领域分布

图2按照学科分类,给出了动物疫病检测国际发明专利的技术分布格局。其中,analysis of biological materials(生物材料分析)122件,biotechnology(生物技术)118件,pharmaceuticals(医药品;药物)73件,medical technology(医学技术)35件,other special machines(其他特种仪器)31件,measurement(测量方法)23件。

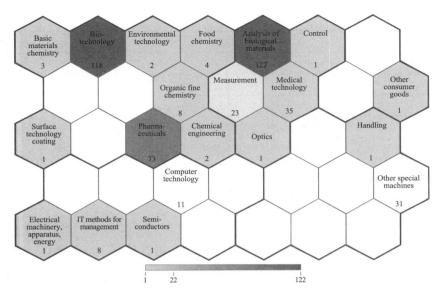

图 2　动物疫病检测国际发明专利技术领域分布

（四）技术领域划分

图 3 按照关键词出现频度，以树状图的形式对动物疫病检测国际发明专利进行了技术划分，体现了技术布局细节与发展方向。如图所示，聚类较大区块涉及 antibody（抗体）、antigen（抗原）、virus isolation（病毒分离）、disease diagnosis（疾病诊断）、infectious agent（感染源）、aminoacid sequence（氨基酸序列）、primer sequence（引物序列）、gene（基因）、tissue sample（组织样本）。

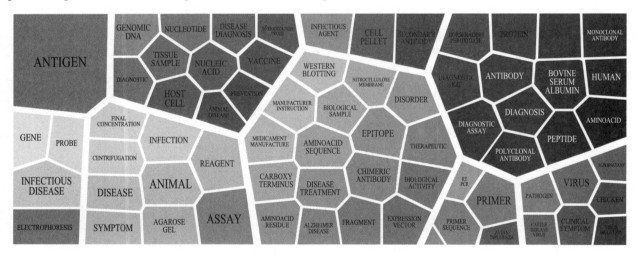

图 3　动物疫病检测国际发明专利技术领域划分

四、专利权人分析

（一）专利权人构成

动物疫病检测国际发明专利前 20 位专利权人，主要有 Ares Trading（美国 Ares 公司，6 件）、Sichuan Agricultural University（四川农业大学，5 件）、Boehringer Ingelheim Vetmed（德国勃林格殷格翰制药公司，4 件）、Genmab（丹麦 Genmab 生物制药公司，4 件）、Lanzhou Veterinary Research Institute, CAAS（中国农业科学院兰州兽医研究所，4 件）、University of Minnesota（美国明尼苏达大学，4 件）、HANA Micron（美国哈纳微米公司，3 件）、Inspection & Quarantine Technology Center of Chongqing Entry-Exit Inspection

& Quarantine Bureau（重庆出入境检验检疫局检验检疫技术中心，3 件）、Henan Academy of Agricultural Sciences（河南省农业科学院，3 件）、Korea Rural Development Administration（韩国农村振兴厅，3 件）、AC Immune（瑞士 AC Immune 生物制药公司，2 件）、Amgen（美国安进公司，2 件）、Animal & Plant & Food Inspection Center of Tianjin Entry-Exit Inspection & Quarantine Bureau（天津出入境检验检疫局动植物与食品检测中心，2 件）、Beijing Entry-Exit Inspection & Quarantine Bureau of PRC（北京出入境检验检疫局，2 件）、China Agricultural University（中国农业大学，2 件）、Chonnam National University（韩国全南大学，2 件）、DeLaval（瑞典利拉伐公司，2 件）、DRG International（美国 DRG 国际有限公司，2 件）、Huazhong Agricultural University（华中农业大学，2 件）、Humanitas Mirasole（意大利 Humanitas 集团，2 件）。

（二）专利权人趋势

在动物疫病检测国际发明专利前 20 位专利权人中，专利公开高峰期较为集中与突出的专利权人及年份有美国 Ares 公司（2002—2004 年）、丹麦 GENMAB 生物制药公司（2004 年）、美国哈纳微米公司（2014 年）、河南省农业科学院（2013 年）、四川农业大学（2014 年）、中国农业大学（2015 年）、重庆出入境检验检疫局检验检疫技术中心（2015 年）、天津出入境检验检疫局动植物与食品检测中心（2016 年）、中国农业科学院兰州兽医研究所（2016 年）。

另外，专利生存期的长短体现了专利权人的活跃程度。生存期越长，其专利权人投入越大，预示这一专利更有价值，反映出专利的质量与竞争力。国外，德国勃林格殷格翰制药公司专利平均年龄 20 年，美国明尼苏达大学 19 年，美国安进公司 16 年，美国 Ares 公司 14 年，丹麦 Genmab 生物制药公司 13 年；国内，北京出入境检验检疫局专利平均年龄为 5 年，较其他国内专利权人的专利有效期更长。

（三）专利权人被引

作为动物疫病检测国际发明专利权人，德国勃林格殷格翰制药公司被引 6 件，丹麦 Genmab 生物制药公司被引 4 件，美国明尼苏达大学被引 4 件，美国南达科他大学（University of South Dakota）被引 4 件，重庆出入境检验检疫局检验检疫技术中心被引 4 件。其中，德国勃林格殷格翰制药公司、美国明尼苏达大学、美国南达科他大学之间的引用较密切，重庆出入境检验检疫局检验检疫技术中心专利主要被中国农业科学院兰州兽医研究所、河南省农业科学院引用，瑞士 AC Immune 生物制药公司专利主要被美国基因工程技术公司引用。

五、小结

（一）受保护专利只占 60% 左右，无效专利或有潜在价值

本次检索所得的动物疫病检测国际发明专利中，已授权 103 件（占 41.70%），申请中 42 件（占 17.00%），放弃 52 件（占 21.10%），过期 28 件（占 11.30%），撤销 22 件（占 8.90%）。其中，瑞典利拉伐公司、韩国全南大学的专利已无效；美国明尼苏达大学、德国勃林格殷格翰制药公司 50% 的专利无效；四川农业大学、中国农业科学院兰州兽医研究所、丹麦 Genmab 生物制药公司等专利权人的专利多为有效。失效专利占动物疫病检测国际发明专利的 40% 左右，一般出于专利权人对投资取舍的考虑，而专利中的技术成分值得挖掘。

（二）技术领域出现明显交替，国内外专利实力相当

2008 年之前，动物疫病检测国内外专利 IPC 小类主要集中在 G01N（借助于测定材料的化学或物理性质来测试或分析材料），专利公开以美国 Ares 公司、丹麦 Genmab 生物制药公司、德国勃林格殷格翰制药公司为代表。随后，C12Q（包含酶或微生物的测定或检验方法、其所用组合物或试纸、这种组合物的制

备方法、在微生物学方法或酶学方法中的条件反应控制)迅速崛起,发展势头更猛,专利公开以中国农业科学院兰州兽医研究所、四川农业大学、美国哈纳微米公司为代表,技术领域出现明显交替。

参考文献

[1] 姜静,李汉清.兽用疫苗领域国际专利分析[J].现代畜牧兽医,2017(11):40-48.

[2] 姜静,李汉清.动物保健领域高端创新机构分析[J].现代畜牧兽医,2017(9):45-53.

[3] 哈登楚日亚,赵永刚,赵明,等.免疫胶体金技术在动物疫病诊断领域中的专利进展[J].中国动物检疫,2017,34(1):81-85.

[4] 仁青卓玛.重大动物疫病防控体系研究与探索[J].畜禽业,2017,28(9):88.

[5] 陆昌华,胡肄农,何孔旺,等.动物疫病防控与兽医信息技术应用研究进展[J].江苏农业学报,2016,32(5):1189-1195.

[6] 翟新验,刘兴国,李志军,等.美国动物疫病监测诊断工作概述[J].中国兽医杂志,2016,52(6):118-122.

[7] 李万芳.动物疫病诊断中兽医病理诊断技术的应用探讨[J].中国畜牧兽医文摘,2018,34(1):180.

本文作者:姜　静　李汉清

本文发表于《中国兽医杂志》2018年第11期